JN202709

見た目に こだわる

Jimdo ［ジンドゥー］

入門

狩野さやか ［著］
SAYAKA KANO

技術評論社

Jimdo
Japan
公認

注意書き

はじめに

　みなさんは何のためにホームページを作成しようとしていますか？ 会社やNPOの紹介、飲食店や商店のPRをしたいという人もいれば、個人でやっている仕事の紹介をしたい人、自分の作品を見せたい人、趣味や興味の情報をまとめたい人など、様々でしょう。作るホームページは違っても、必ずそこには、「誰かに伝えたいこと」があるはずです。

　この「伝えたいこと」を自分の手で作り自分で世界中の人に発信できるというのは、インターネットの世界の最高に面白い部分です。Jimdoは、専門知識がなくてもホームページ作りができるので、誰もがこの「伝えたいこと」を形にして発信できるとても便利なツールです。

　ただし、Jimdoの便利さは、お湯を入れるだけのカップ麺や温めるだけのレトルトカレーとはちょっと違います。半分完成したインスタント調理キットのようなものだとイメージしてください。材料の肉や野菜を用意して、調味パック「○○のもと」と混ぜ合わせて、電子レンジでチンすれば確実にプロっぽい味に仕上がる便利キットです。でも、だからといって冷蔵庫に残っていた適当な野菜だけを材料にしたり、やたらマヨネーズやらケチャップやらを足したらどうなるでしょう？「なんだか違う……」「いまいち！」という味に仕上がってしまいます。

　Jimdoのホームページ作りは、デザインに関するいくつかのルールを知っているだけで、仕上がりがぐんと良くなります。この本は、Jimdoの基本操作はもちろん、この「なんだか違う……」に直面した時に役立つよう、よくある失敗例と改善例をたくさん紹介し、自然とデザインのルールや法則を学べるように作り上げました。

　みなさんの「伝えたいこと」が、『見た目にこだわる』ことでより効果的に発信され、多くの人に届くよう応援しています。

　最後に、本書の制作に携わられた全ての方と、8章の作例のために素敵な写真を提供してくれたKazumiさんに心よりお礼申し上げます。そして、本書完成までの道のりを忍耐強く見守ってくれた夫と息子に感謝します。

狩野さやか

◯ 本書の構成

本書は、大きく第 1 章〜第 6 章までと第 7 章〜第 9 章までの 2 つに分けられます。
それぞれのおおまかな内容についてご紹介します。

■ 第1章〜 第6章

Jimdo を利用したホームページの作り方について解説します。

Jimdo への登録、ログイン／ログアウトからコンテンツの追加・編集、SEO 対策やソーシャル連携までひと通り扱っているので、これからホームページ作成をはじめたい方やまだ Jimdo の操作に慣れていないという方はまずこちらを確認して Jimdo における基本的な作業について学びましょう。

また、本書ではドメインなどを扱うため有料プランの JimdoPro を利用しています。無料プラン JimdoFree でも操作方法自体は変わりませんが、一部機能や設定に制限があります（p.19 参照）。

まずは JimdoFree で登録し、手応えが掴めたら有料プランにアップグレードする（p.26 参照）のもよいでしょう。

ここでは例として、「gokakkei.com」というドメイン名を取得し、架空の「Worker's Cafe GOKAKKEI」というホームページを制作する手順をご紹介していますが、この作例は公開していません。本書出版時点ですでに「gokakkei.com」というドメイン名を手放しているため、新たなドメイン所有者がこのドメインで別のサイトを運営している可能性がありますので、ご注意ください。

■ 第7章〜 第9章

章ごとにひとつの作例ホームページを例に、見やすくわかりやすいページを作成するデザインのポイントを解説します。

各章先頭の「作例のデザイン解説」で全体像を紹介したうえで、よくあるデザインの失敗例とその改善例を具体的に解説していきます。作例ホームページを題材に、誰でも直面するリアルな事例で説明するので、実践的なデザインの知識と制作のコツが身につきます。

デザイン解説

ポイント解説

■ 作例サイトについて

第7章以降で扱う作例ホームページについてそれぞれ簡単に説明します。

どの作例もインターネット上に公開され、実際にブラウザでアクセスできるようになっているので、ぜひ参考にしてください。

作例 A：文字情報が多いビジネス系の作例

PR会社を想定した作例です。第7章はこのページをもとに解説します。

文字の量や配分、ページ全体の構造についてのポイントを中心に扱っており、デザインの基礎的な部分を学ぶことができます。

［作例公開URL］https://cosmostart.jimdo.com/

作例 B：便利な情報が多い習い事・スクール系の作例

子ども向けアート教室を想定した作例です。第8章ではこのページをもとに解説します。

画像の入れ方や配色、カレンダーやマップとの組み合わせまで扱っており、これらを理解することで様々な分野のページに応用できます。

［作例公開URL］https://kidsart-smile.jimdo.com/

作例 C：写真が多い飲食店・ショップ系の作例

ベーカリーカフェを想定した作例です。第9章はこのページをもとに解説します。

少し変わった写真の見せ方や特別なページの作成など、ひと手間加えたこだわりの内容にするためのテクニックを知ることができます。

［作例公開URL］https://tocotto.jimdo.com/

● Chromeの入手

Jimdoでのホームページ作成には「Google Chrome」や「Mozilla Firefox」などのブラウザが推奨されており、「Microsoft Edge」や「Microsoft Internet Explorer」の利用は推奨されていません（p.17 参照）。これらのブラウザをお使いの場合、以下の手順を参考に Google Chromeをインストールして利用することをお勧めします。

なお、以下ではMicrosoft Edgeを例に解説していますが、MacのSafariなどほかのブラウザでも基本的な手順は同じです。

第1章以降に掲載する画面は Google Chromeを利用して撮影しています。

ブラウザ（ここでは Microsoft Edge)を起動して、アドレスバー に「https://www.google.co.jp/chrome/」と入力して移動します。

Chrome のダウンロードページが表示されます。[Chromeをダウンロード]をクリックします。

表示される利用規約を確認し、[同意してインストール]をクリックします。

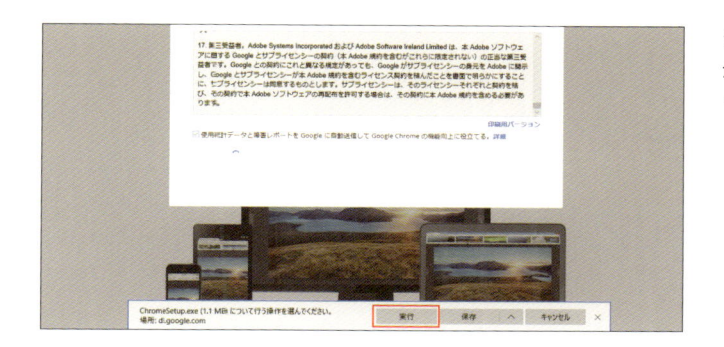

ダウンロードに関するメッセージが表示されるので、[実行]をクリックします。

ダウンロードが開始されます。

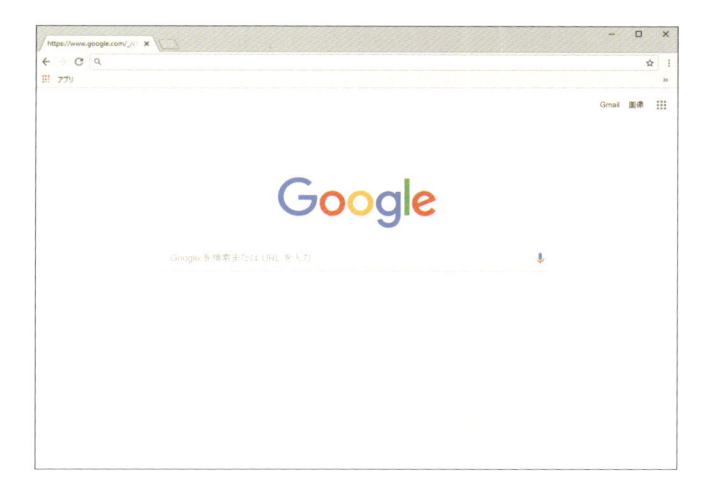

ダウンロードが終了すると、Chromeが起動します。終了するには右上の×をクリックします。

スタートボタンをクリックし、表示される一覧から[Google Chrome]をクリックするとChromeが起動できます。このとき、タスクバーなどに固定してしまってもよいでしょう。

CONTENTS

Chapter 1 　JimdoPro に登録する

Chapter 2 　Jimdo の基本操作

Chapter 3 ホームページの基本構造

Chapter 4　基本のコンテンツを作成する

Chapter 7　文字情報が多いビジネス系の作例

Chapter 8 便利な情報が多い 習い事・スクール系の作例

Chapter 9　写真が多い飲食店・ショップ系の作例

JimdoProに登録する

アカウント登録やホームページをJimdoProにアップグレード
する方法など、Jimdoを利用する準備を解説します。

Jimdoとは

Jimdoは、専門的な知識がなくともホームページを作成することができるウェブサービスです。まずはJimdoのサービスの特徴と、利用に必要なものをご紹介します。

○ Jimdoの特徴

通常、ホームページを制作するには、HTMLやCSS、デザインの知識が必要なだけでなく、サーバーの契約やドメインの取得などを個別に手続して管理する必要があります。これらをすべてゼロから作り上げてゆくのは大変手間がかかり、知識も経験も必要な作業です。

Jimdoは、ホームページを作成するのに必要な要素をひとつのサービスとしてまとめて提供しているため、Jimdoの機能だけでページ制作から公開、管理更新まで行えます。また、優れたデザインテンプレートが豊富に用意されているため、洗練された印象のホームページを比較的容易に作成することができます。

○ Jimdoの利用に必要なもの

Jimdoは、インターネットに接続する環境とパソコンがあれば、ブラウザからサービスにアクセスするだけで利用できます。編集専用のモバイルアプリも存在しますが、機能が限定されているため、初期制作時や全体の管理にはパソコンからのアクセスが必要です。

Jimdoの利用に必要なものなどは以下の通りです。

- ▶ **インターネットに接続できる環境**
- ▶ **パソコン**
- ▶ **パソコンにインストールされたブラウザ**
- ▶ **有効なメールアドレス**

○ システム環境

■ パソコンのOS（オペレーティングシステム）

Jimdoは Windows、Mac どちらの OS でも利用することができます。どちらかで利用できるの機能がもう一方で使えないということはありません。ただし、OS のバージョンが古いとうまく動作しない場合があります。

■ ブラウザ（ホームページを見るためのアプリケーション）

Jimdo が推奨しているのは以下のブラウザです。どちらも無料でインストールできるので、あらかじめ準備しておくとよいでしょう。すでにインストールされている場合、ほとんどの場合アップデートが自動で行われていますが、念の為バージョンも確認しておくことをお勧めします。

 **Google Chrome**
（バージョン 40 以降）

 **Mozilla Firefox**
（バージョン 40 以降）

推奨ではありませんが、利用可能なブラウザとして以下が挙げられています。これらのブラウザでも表示や操作は行えますが、極力推奨ブラウザを利用するようにしましょう。

 **Apple Safari**
（バージョン 10 以降）

 **Microsoft Internet Explorer**
（バージョン 11 以降）

 **Microsoft Edge**

ブラウザについて、詳しくは p.48 で解説しています。

✓MEMO

システム要件は満たしているのに、うまく機能しない場合は、ブラウザの設定で Cookie（クッキー）と JavaScript（ジャバスクリプト）が無効になっていないか確認し、有効にしてください。

✓MEMO

本書で紹介する画面は、Windows10 の Google Chrome のものです。Microsoft Edge は Jimdo 利用の推奨ブラウザではないため、Chrome や Firefox などをインストールして利用するようにしましょう。

1

section
02

JimdoProに登録する

無料版JimdoFreeと
有料版JimdoProの違い

Jimdoのサービスには、無料で利用できるJimdoFreeと利用料のかかるJimdoPro、JimdoBusinessの3種類のプランがあります。ここでは、無料のJimdoFreeと有料のJimdoProの違いをご紹介します。

○ JimdoProのメリット

有料版のJimdoProには、いくつもの便利な機能があり、会社や店舗のホームページを作成するのにふさわしい特徴がそろっています。

1 Jimdoブランドを隠せる

JimdoFreeの場合、フッターにJimdoのロゴが入り、URLからもJimdoでホームページを作ったことがわかります。JimdoProではJimdoブランドを隠し、独自ドメインを使えるので、会社やショップの独自性と信頼性が高まります。

▶「独自ドメインを取得して適用する」p.28参照

2 アクセス解析やSEOに有利

JimdoProでは、アクセス解析やSEOに便利な機能を利用できるので、ホームページの有効活用対策ができます。

▶「Jimdoの機能でアクセス解析をする」p.152参照
▶「Googleアナリティクスでアクセス解析をする」p.154参照
▶「ページごとのSEO対策をする」p.146参照
▶「SEOについて知る」p.162参照

3 より便利な機能を使える

ショップ機能の諸条件や、日本語フォント利用、お問い合わせフォームの管理機能など、JimdoProだけの便利な機能があり、機能面、デザイン共に有利です。

▶「ショップ機能を知る」p.134参照
▶「フォームを設置する」p.124参照
▶「ウェブフォントについて」p.197参照

JimdoFreeとJimdoProの機能比較表

各プランの主な違いを表でご紹介します。本書ではJimdoProでの契約を前提に機能を説明しますが、JimdoFree、JimdoBusinessとの違いを確認してください。

	JimdoFree	JimdoPro	JimdoBusiness
使用料金	0 円	月額 945 円	月額 2415 円
独自ドメイン（有料オプション）	×	初年度無料、次年度年額 1620 円〜	初年度無料、次年度年額 1620 円〜
サーバー容量	500MB	5GB	制限なし
帯域幅	2GB	10GB	制限なし
Jimdo ロゴ非表示	×	○	○
アクセス解析	×	○	○
Google アナリティクスと連携	×	○	○
タイトル、概要の設定	共通指定のみ	各ページ別に指定可能	各ページ別に指定可能
カスタム URL	×	○	○
ショップ商品数	5 点	15 点	制限なし
ショップ決済手段	paypal のみ	複数から選択可能	複数から選択可能
フォームアーカイブ	×	○	○
ヘッダー編集	共通指定のみ	各ページ別に指定可能	各ページ別に指定可能
日本語ウェブフォント	×	15 種	176 種
サポート	通常サポート窓口	優先サポート窓口	最優先サポート窓口
			さらに便利な機能

管理機能の違いは、「管理メニューについて知る」（p.42 参照）でも解説しています。

> ✓ **MEMO**
>
> JimdoProの費用は月額が示されていますが、契約は1年もしくは2年単位です。解約しなければ自動更新されます。
>
> ▶「ホームページを削除する」p.167 参照

> ✓ **MEMO**
>
> 初めて利用するときは、まずは JimdoFree で登録して操作に慣れるとよいでしょう。作成中のホームページは後から JimdoPro にアップグレードすることができます。

1
section
03

Jimdoに登録する

Jimdoのアカウントを作成するには、管理用のメールアドレスが必要です。初めて登録する時はアカウントの登録とホームページの初期設定を同時に行います。ここでは一旦JimdoFreeで登録するステップを紹介します。

● アカウントとホームページの関係

Jimdoのアカウントを登録すると、ひとつのアカウントで複数のホームページを作成することができます。また、ホームページごとにJimdoFree、JimdoPro、JimdoBusinessのどのプランにするかを選択できます。

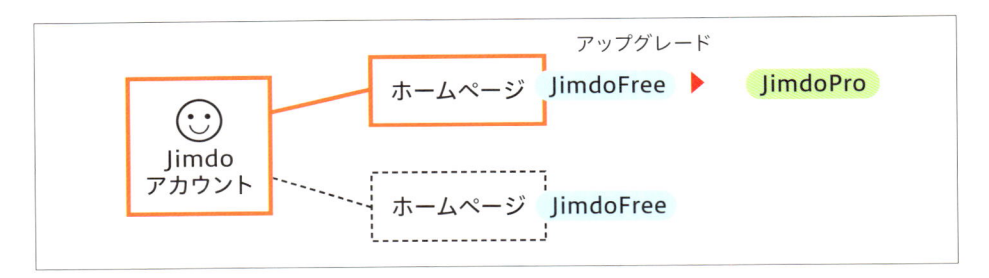

● アカウント作成とホームページの初期設定をする

はじめてJimdoのアカウントを登録する際は、アカウント登録と同時にホームページの初期設定をします。

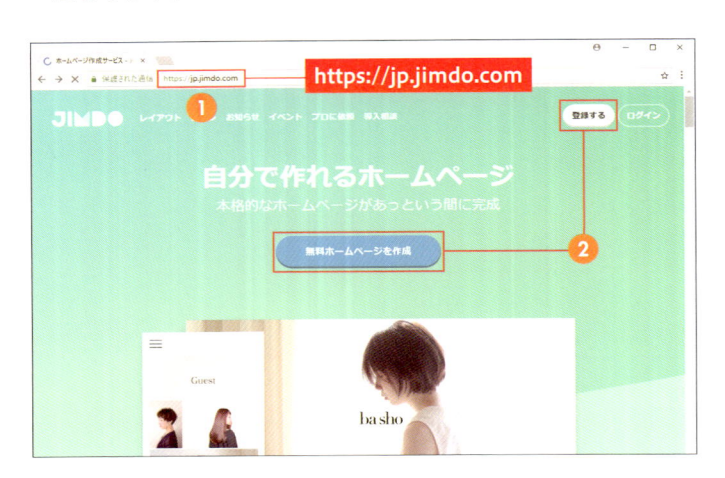

❶ Jimdoのスタートページ(https://jp.jimdo.com/)にアクセスし、

❷ 中央の[無料ホームページを作成]か右上の[登録する]をクリックします。

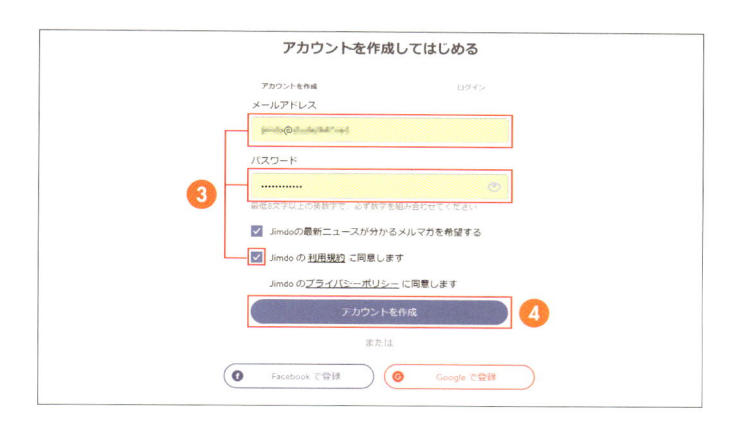

3 「メールアドレス」と「パスワード」を入力して「Jimdoの利用規約に同意します」にチェックを入れ、

4 [アカウントを作成]をクリックします。

✓ **MEMO**

FacebookアカウントかGoogleアカウントを使用してJimdoアカウントを作成することもできます。

5 手順 **3** で入力したメールアドレスにメールが送信されるので、指示に従ってアドレスを確定します。

6 ホームページのタイプを選択します。どれを選んでも変わりありませんが、例では「ホームページ」を選択しています。

7 [このページはスキップできます]をクリックします。

8 ホームページの「レイアウト」を選択します。ここでは「TOKYO」を選んでいます。

✓ **MEMO**

「レイアウト」はホームーページのデザインパターンです。世界中の都市名がつけられたレイアウトがジャンルごとに複数用意されていて、好みのものを選べます。
レイアウトはあとから変更できます。

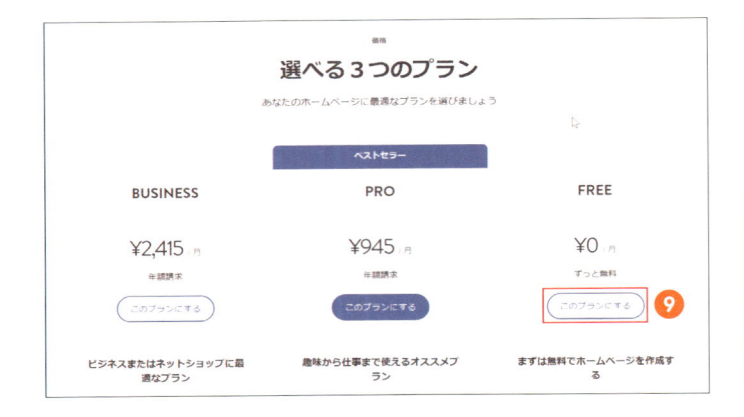

9 プランを選択し[このプランにする]をクリックします。例では無料の「FREE」(JimdoFree)を選んでいます。

✓**MEMO**

ここでは一旦 JimdoFree で登録をして、後から「PRO」(JimdoPro)にアップグレードする手順をご紹介します(p.26 参照)。

10 ホームページの URL を決めるために、「無料のサブドメイン」に好みの名称を入力します。例では「gokakkei」としています。

11 [使用可能か確認する]→[無料ホームページを作成する]をクリックします。

✓**MEMO**

JimdoFree では、ここで指定した「xxxxx.jimdofree.com」というサブドメインがホームページの URL になります。「xxxxx」には好きな名称を指定できますが、既に誰かが使用していると登録できません。

12 ホームページの編集画面が表示されます。初めてアカウントを設定した場合は、「ダッシュボードから管理する」(p.23 参照)を続けて確認します。

✓**POINT**

有料の JimdoPro では、オプションで独自ドメイン名を取得することができます。独自ドメインの取得方法、独自ドメインとサブドメインの違いは p.28 を参照してください。

section 04 ダッシュボードから管理する

ダッシュボードは、Jimdoのアカウント情報や作成しているホームページの管理に使用します。ひとつのアカウントで複数のホームページを作成し所有することができるので、それらを一覧するのにも便利です。

● ダッシュボードでプロフィールを確認する

❶ p.22手順**⓬**の画面で左上の[管理メニュー]をクリックし、

❷ 表示される管理メニューで[ダッシュボード]をクリックします。

❸ ダッシュボードが表示されます。

✓**MEMO**

一旦ログアウトした場合、Jimdoのスタートページ(https://jp.jimdo.com/)右上の[ログイン]ボタンからログインすると、ダッシュボードが表示されます。

④ ダッシュボード左上のアイコンに
マウスポインターを移動します。

⑤ ドロップダウンメニューから[プロ
フィール]をクリックします。

⑥ アカウントの情報を確認できます。
プロフィールの変更をした場合は
[保存]をクリックします。

プロフィール写真
ここでプロフィール写真が変更できます

Kei Gokaku
写真を変更する　削除する

ソーシャルメディアに接続する
Facebook や Google のアカウントを利用して
Jimdo にログインすることもできます

Google に接続する　Facebook に接続する

パスワード変更
アカウントにログインする際のパスワードを変更できます

パスワード変更

アカウント削除
アカウントとすべてのホームページが完全に削除されます。もとに戻すことはできませんのでご注意ください。

アカウントを削除するにはすべてのホームページが JimdoFree である必要があります
Jimdo について

名前
名前を入力してください

名
Kei

姓
Gokaku

キャンセル　保存

⑥

?

ダッシュボードからホームページを管理する

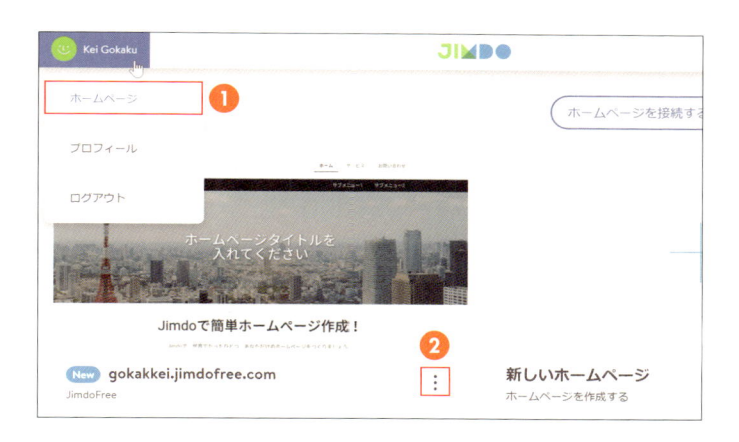

1 ダッシュボード左上のドロップダウンメニューで[ホームページ]をクリックすると、管理しているホームページの一覧が表示されます。

2 操作したいホームページ右下の ⋮ をクリックします。

3 ドロップダウンメニューで[編集する]をクリックすると、ホームページの編集画面に移動します。

4 [閲覧]をクリックすると、ブラウザの別ウィンドウ(タブ)で実際のホームページが表示されます。

5 [移動]は、このホームページの管理を別のアカウントに移す機能です。

6 [削除]はアカウントを残したままホームページだけを削除する機能です。JimdoProの場合は手順が異なります(p.168参照)。

7 空きスペースの □ か[ホームページを作成する]をクリックすると、新たに別のホームページを追加することができます。作成の手順は、p.21手順**6**からと同じです。

✓MEMO

この時点で、作成中のホームページは公開されています。表示の確認用に個人情報を入力したり、プライベートな写真を掲載するなどは避けましょう。

JimdoProに登録する

プランをアップグレードする

ビジネスで本格的にホームページを使用する場合、JimdoProを使うことでさまざまなメリットがあります。ここでは、管理しているホームページをJimdoFreeからJimdoProにアップグレードする方法を解説します。

◯ JimdoProにアップグレードする

❶ [ダッシュボード]を開いて、

❷ JimdoPro に変更したいホームページ右下の ⋮ で表示されるメニューで[アップグレード]をクリックします。

❸ 「JimdoPro」の[いますぐ申し込む]をクリックします。

✓MEMO

[アップグレード]は編集画面右上や、[管理メニュー]下部にも表示されます。どのボタンでアップグレードしても構いません。

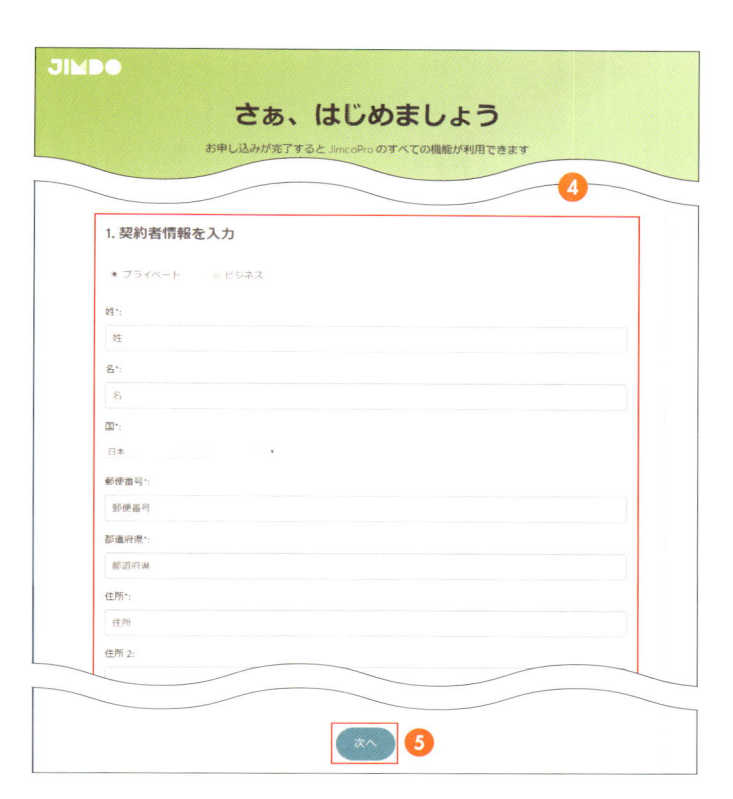

4 必要事項を入力し、

5 指示に従って登録を完了します。

6 ［管理メニュー］や［ダッシュボード］でのプラン表示が「JimdoPro」に変わります。これでJimdoProの機能を使えるようになります。

✓ **POINT**

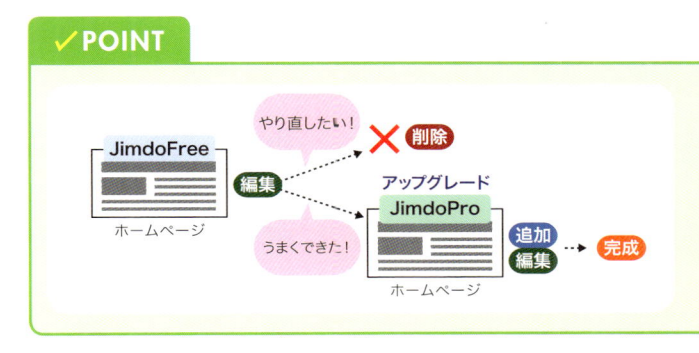

ホームページの内容を作る前にJimdoProにアップグレードするのではなく、JimdoFreeで制作を進めてから途中でアップグレードしても構いません。JimdoFreeはホームページを簡単に削除できるので（p.167参照）、気軽に作り直すことができます。

JimdoProに登録する

独自ドメインを取得して適用する

JimdoFreeではサブドメインしか使えませんが、JimdoProでは、有料オプションで独自ドメイン名を取得できます。独自ドメインを使用すれば、Jimdoでホームページを作ったことがわからず、会社やショップのホームページとしての独立性が高まります。

独自ドメインとサブドメインの違い

■ ドメイン名とは？

ドメイン名の構成

example.com

好きな文字列　　TLD（トップレベルドメイン）
半角英数字と -（ハイフン）　.com .net .org .biz .info などから
を使用できる。　　　　　　選ぶ。

ドメイン名はインターネット上の住所のようなものです。仮に「https://www.example.com」というホームページのURLがあった場合、「example.com」の部分がドメイン名です。「example」の部分には好きな文字列を指定し、「.com」の部分は、TLD（トップレベルドメイン）と呼ばれ、特定のものから選ぶルールになっています。

■ 独自ドメインとは？

独自ドメイン（example.com）を利用した
JimdoPro のホームページ URL

https://www.example.com
独自ドメイン名

店名や会社名など好きな文字列で作ったドメイン名を「独自ドメイン」と呼びます。ホームページのURLの独自性が高まります。JimdoProの場合、オプションで独自ドメインを取得して使用できます。初年度は無料で2年目以降は年額1620円～です。

■ サブドメインとは？

サブドメインを利用した
JimdoFree のホームページ URL

https://example.jimdofree.com
好きな文字列　JimdoFree 用のドメイン名

ドメイン名の手前に様々な文字列を付け、別々の住所にすることを「サブドメイン」と呼びます。JimdoFreeの場合、独自ドメインが使えないので、URLは「https://xxxxx.jimdofree.com」（「xxxxx」に好きな名称を指定）というサブドメインになります。URLからJimdoを利用していることがわかってしまいます。

◎ 新規に独自ドメインを取得しホームページに適用する

JimdoProで新規に独自ドメインを取得し、作成済みのホームページURLを独自ドメインに変更する手順を説明します。

1. ［管理メニュー］（p.42参照）から［ドメイン・メール］をクリックし、

2. ［ドメイン］をクリックします。

3. 登録時のサブドメイン（例では「gokakkei.jimdofree.com」）が設定されています。

4. ［新しいドメインを追加］をクリックします。

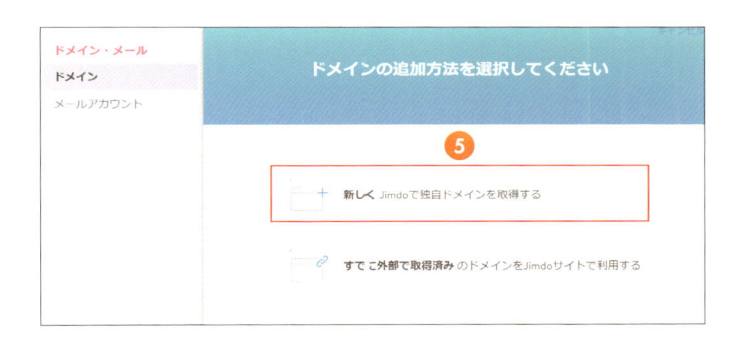

5. 「新しくJimdoで独自ドメインを取得する」をクリックします。

6. 好きなドメイン名とTLD（例では「gokakkei.com」）を入力し、

7. ［利用可能か確認］→［ドメインを登録する］をクリックします。

✓MEMO

Jimdoで利用可能なTLDはサポートページ（https://jp-help.jimdo.com/addons/）を参照してください。TLDによって料金が変わるので注意しましょう。

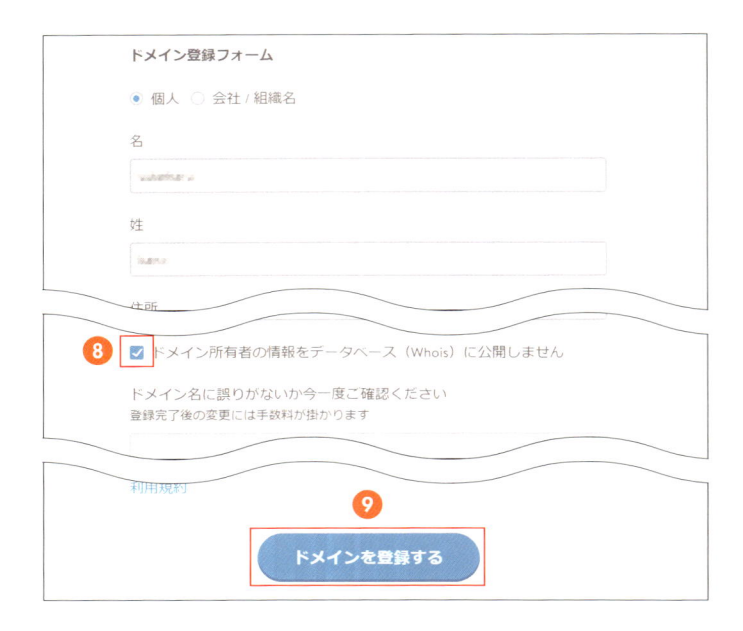

⑧ ドメイン登録に必要な情報を英語で入力して「ドメイン所有者の情報をデータベース（Whois）に公開しません」にチェックを入れ、

⑨ [ドメインを登録する]をクリックします。

⑩ 登録したメールアドレスにドメインの登録情報確認のメールが届きます。メール内のリンクから、「ドメイン登録の確定」を行うと、しばらく時間をおいてドメインの登録と設定の完了を知らせるメールが届きます。

⑪ 改めて[管理メニュー]から[ドメイン・メール]→[ドメイン]を確認すると、一覧に「gokakkei.com」が追加され、「メインドメイン」のアイコンがグリーンになっています。

✓ POINT

ドメイン名の登録が完了しても、URLとして使用可能になるまで数日ほど時間がかかる場合があります。独自ドメイン名のURLでホームページが表示されない場合は、時間をおいて再度確認してください。

⑫ 独自ドメインのURL（例では「https://www.gokakkei.com」）でホームページを表示できるようになります。

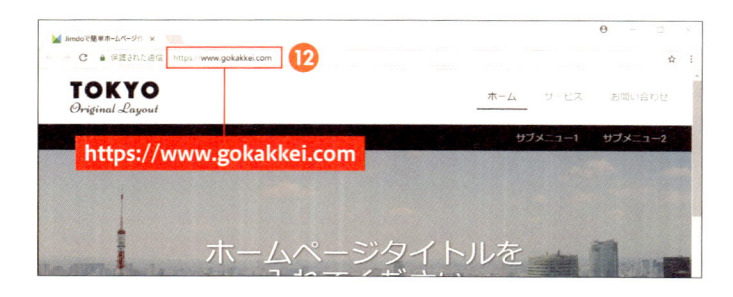

✓ POINT

すでに所有している独自ドメインをJimdoで作成したホームページに接続することもできます。外部で管理しているドメインは無料で接続でき、ドメイン管理をJimdoに移管した場合は2年目から費用がかかります。詳しい手順は、Jimdoのサポートセンター「Jimdoのドメイン運用について」（https://jp-help.jimdo.com/domain/introduction/）を参照してください。

section
07

JimdoProに登録する

独自ドメインのメールを利用する

独自ドメインを使用している場合、有料オプションに申し込むと独自ドメインのメールアカウントを取得することができます。なお、転送専用のメールアドレスは、オプション購入せずに利用できるので、用途に応じて活用しましょう。

○ 送受信可能なメールアカウントを作成する

1 [管理メニュー]から[ドメイン・メール]をクリックし、

2 [メールアカウント]をクリックします。

3 メールアカウント購入の案内が表示されるので[さらに詳しく]から購入手続きに進み、[追加メールアカウント ¥972]を選択して支払い手続きを完了します。

4 手順**2**と同じ画面で[メールアカウントを作成]ボタンをクリックし、

5 必要事項を入力して[メールアカウントを作成する]をクリックします。

✓**MEMO**

メールアカウントの作成は、Jimdoで独自ドメインを使用している場合に限り申し込める有料オプションです。年額972円でメールアカウントを1つ作成できます。

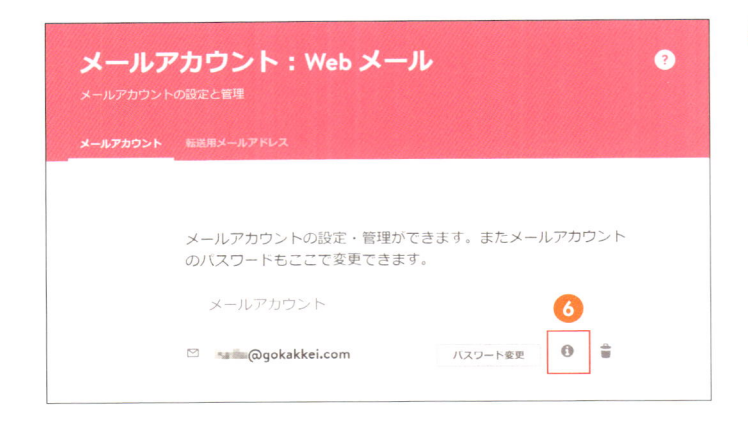

6 メールアカウントが作成されます。
ⓘをクリックすると、メールアプ
リケーションの設定に必要な情報
がわかるので、サポートページを
参考に設定をしてください。送受
信テストは必ずしましょう。

転送専用のメールアドレスを作成する

1 メールアカウント設定ツールの
［転送用メールアドレス］をクリッ
クし、

2 ［転送用メールアドレスを作成す
る］をクリックします。

✓MEMO

転送用メールアドレスの利用は
メールオプション申し込みが不要
です。3つまで追加できます。

3 必要事項を入力し、

4 ［転送用メールアドレスを作成］を
クリックします。

✓MEMO

転送専用なので、通常のメールア
カウントのように送受信に使用す
ることはできません。

5 転送用メールアドレスが作成され
ました。正しく転送されるかテス
トしておきましょう。

Chapter 2

Jimdoの基本操作

Jimdoに備えられた様々な管理画面や管理メニューを紹介し、
それぞれの機能と基本的な操作方法を解説します。

2

Jimdoの画面について知る

Jimdoはブラウザ上ですべての制作や設定ができるWebサービスです。そのため、様々な画面があり、ホームページの内容の編集や設定ができるようになっています。機能と画面の全体像を知っておきましょう。

○ Jimdoの主な画面

Jimdoへのログイン（p.36参照）後に表示される主な画面は以下の通りです。

スタートページ

管理メニュー

ダッシュボード

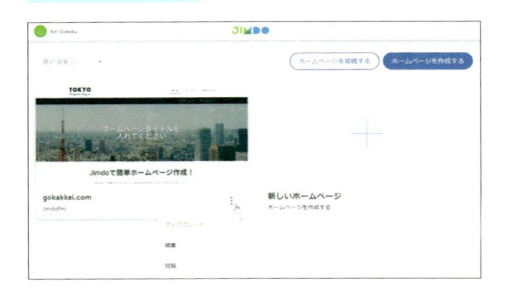

プレビュー画面

編集画面

閲覧（URL表示）

● 各画面の機能

それぞれの画面でできることについて解説します。

1 スタートページ

Jimdoサービスの最初のページです。初めてアカウントを登録するときはこのページから登録します。右上の[ログイン]からログイン画面に移動します。

▶ p.36

2 ダッシュボード

アカウント情報の編集や、管理しているホームページの一覧ができます。ホームページの編集や閲覧に移動するだけでなく、プランの変更、新規ホームページの追加もできます。

▶ p.23

3 編集画面

ホームページの内容を編集する画面です。ページの追加削除やコンテンツの追加、レイアウトの調整など、制作作業の大部分をこの編集画面から行います。

▶ p.38

4 管理メニュー

基本的なデザインを設定したり、SEOに必要な情報を設定したりと、ホームページ全体に関わる重要な設定が集まっています。

▶ p.42

5 プレビュー画面

編集中のページが実際にどう表示されるかを、デスクトップ、モバイルの縦、モバイルの横を切り替えて簡単に確認することができます。正式なURLと実機で確認するよりも手軽にチェックできて便利です。

▶ p.40

6 閲覧（URL表示）

ホームページの正式なURLを表示した状態です。ダッシュボードとプレビュー画面の[閲覧]リンクから別ウィンドウ（タブ）で表示されます。

✓MEMO

フッター部分にも、適宜操作画面へのリンクが表示されます。表示される内容は画面によって異なります。

画面	リンク
編集画面	「ログアウト」「プレビュー」
プレビュー画面	「ログアウト」「編集」
URL 表示（ログイン時）	「ログアウト」「編集」
URL 表示（ログアウト時）	「ログイン」 ※ JimdoPro の場合は非表示可

ログアウト|編集

Jimdoの基本操作

ログイン／ログアウトについて知る

Jimdoにログイン／ログアウトする方法は複数存在します。ログインの仕方は意外とわからなくなったりすぐに忘れてしまいやすいので、ひとつ覚えておくと便利です。

⭕ ログインの方法

ログインの方法は3種類あります。それぞれ確認しましょう。

1 スタートページ

Jimdoのスタート画面（https://jp.jimdo.com）を表示して[ログイン]をクリックすると、ログイン画面に移動します。

2 URL

ブラウザで、ホームページのURLに続けて「/login」と入力してアクセスすると、ログイン画面に移動します。

3 フッター

URLで表示したホームページのフッターから[ログイン]をクリックすると、ログイン画面に移動します。

✓ MEMO

フッターの[ログイン]リンク表示は、JimdoProの場合は非表示にできます（p.72参照）。

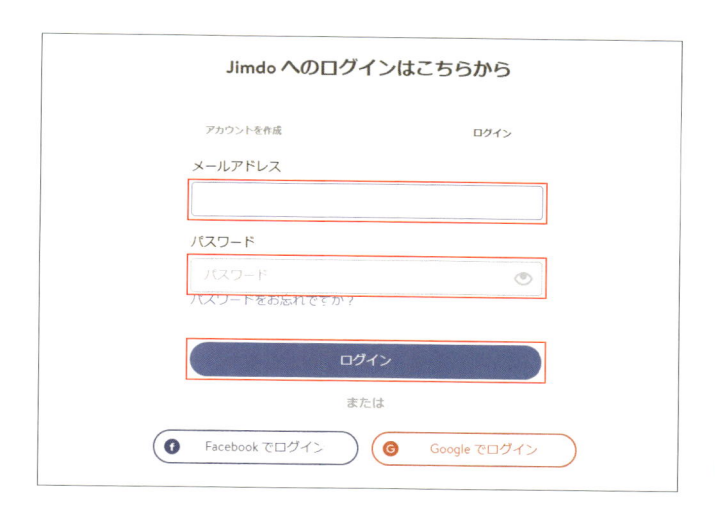

ログイン画面が表示されたら、「メールアドレス」と「パスワード」を入力して[ログイン]をクリックします。ログイン後に表示される画面はどこからログインしたかによって異なります。

✓MEMO

Facebookアカウント、Googleアカウントでログインすることもできます。

○ ログアウトの方法

ログアウト方法は2通りあります。

❶ ダッシュボード

「ダッシュボード」左上のドロップダウンメニューで[ログアウト]をクリックします。

❷ フッター

「編集画面」のフッターに表示される[ログアウト]をクリックします。

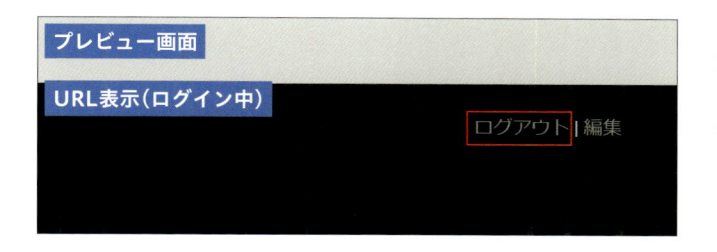

「プレビュー画面」のフッター、「URL表示（ログイン中）」のフッターに表示される[ログアウト]からも同様の操作でログアウトできます。

編集画面について知る

Jimdoでは、「HTML」と呼ばれるコードを記述することなく編集画面から直接内容やデザインを編集します。制作の大部分を行う最もよく使う画面なので、基本的な機能をおさえておきましょう。

編集画面の開き方と基本機能

ダッシュボードでホームページの画像か、右下 ⋮ のドロップダウンメニューで［編集］をクリックすると、編集画面に移動します。また、プレビュー画面などのフッターに表示される［編集］からも移動できます。

編集画面上部によく使うツールが配置されています。

1 管理メニューを開きます。

2 プレビュー画面に移動します。

3 ページをシェアするためのツールを開きます。

4 Jimdoからのお知らせを表示します。

◯ 編集画面での編集方法

編集画面の編集エリアでは、ホームページの内容を直接編集できます。初期状態では、登録時に選んだレイアウト（本書では「Tokyo」）に合わせたダミーのコンテンツでいくつかのサンプルページが出来上がっています。不要なものを削除し、差し替えられるものは編集し、加えたいものは追加して、ページの内容を作っていきます。

編集が可能な部分にマウスポインターを合わせると、アイコンが矢印から手に変わります。

1 コンテンツの編集

すでに登録されているコンテンツをクリックすると、実際に編集できます。

▶「コンテンツを追加・編集する」p.76 参照

2 コンテンツの追加

コンテンツとコンテンツの間をクリックすると、追加したいコンテンツを選択できます。

▶「コンテンツを追加・編集する」p.76 参照

3 ナビゲーションの編集

ナビゲーション部分にマウスを合わせると表示される[ナビゲーションの編集]をクリックすると、ページの追加削除ができます。

▶「ナビゲーションを編集する」p.64 参照

4 該当ページに移動

ナビゲーションのリンクをクリックすると、該当ページに移動できます。Jimdoでは、実際のリンクをたどって編集したいページに移動し、内容を編集します。

✓POINT

何かの拍子にナビゲーションのリンクをクリックしてしまうと別のページに移動してしまいます。編集するときは、自分が編集したいページにいるかどうか、まず確認するようにしましょう。

プレビュー画面について知る

紙の印刷物とは違い、ホームページはユーザーのデバイスや設定によって表示が変わります。パソコンだけでなくスマートフォンでの表示もチェックするには、プレビュー機能を利用します。制作しながら簡単に確認できます。

● プレビュー機能の使い方

編集画面で🖵をクリックすると、プレビュー画面に移動します。また、編集画面のフッターの［プレビュー］から入ることもできます。

パソコンでの表示や縦横それぞれのスマートフォンでの表示が確認できます。

① 編集画面に戻ります。

② 別ウィンドウ（タブ）が開き、ホームページが実際のURLで表示されます。

③ デバイスごとのプレビューを確認できます。

④ Facebookの広告サービス（有料）へのリンク。

● デバイスごとのプレビュー

デバイス別のプレビューボタン 🖥️ 📱 ▭ をクリックすると、作成中のホームページがパソコンとモバイルでどのように表示されるのかを手軽に確認できます。

Jimdoのレイアウトはすべて「レスポンシブデザイン」という方式で作られていて、機器の画面幅に合わせて最適のデザインで表示されるように設計されています。今はスマートフォンでホームページを見る人が増えているので、モバイルプレビューで必ず確認するようにしましょう。

デスクトッププレビュー

モバイルプレビュー（縦向き）

モバイルプレビュー（横向き）

✔**MEMO**

プレビュー機能を使わずに、ホームページのURLを直接パソコンやスマートフォンのブラウザで見て確認しても構いません。

管理メニューについて知る

Jimdoで作成するホームページは様々な設定ができますが、編集画面で直接操作する内容以外は、すべて[管理メニュー]を経由して設定します。ここでは管理メニューの概要をご紹介します。

◯ 管理メニューの表示

[管理メニュー]を開くには、編集画面の左上にある三をクリックします。

管理メニューが開きました。

1 ダッシュボードに移動します。

2 ホームページの様々な設定をします。各管理メニュー項目をクリックすると、サブメニューが表示されます（p.43〜p.45参照）。

3 契約に関する管理メニューが表示されます（p.45参照）。

◯ 管理メニュー画面

各メニューで設定する内容を Free（JimdoFree）と Pro（JimdoPro）の違いも含めて紹介します。

デザイン

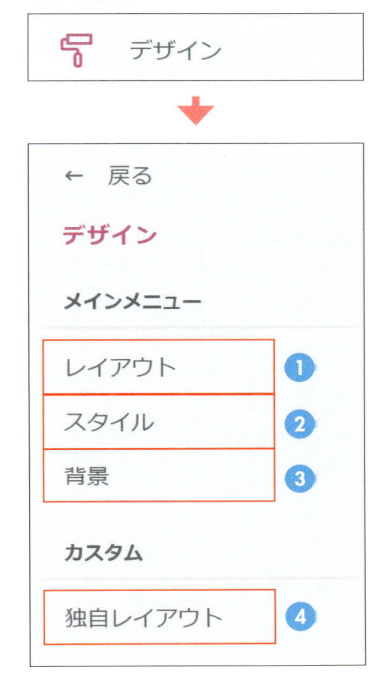

基本デザインの設定を行います。

❶ レイアウト
豊富に用意されたレイアウトから好みのものを選び、ホームページのデザインの基本にします。
▶ **p.50参照**

❷ スタイル
レイアウトがあらかじめ定義している色やフォント、配置などのデザインルールを変更することができます。
▶ **p.62参照**

❸ 背景
ホームページの背景を指定できます。色指定や1枚の画像だけでなく、複数の画像を使ってスライドにすることもできます。
▶ **p.53、p.56参照**

❹ 独自レイアウト
HTMLとCSSを記述してレイアウト自体をオリジナルで制作することができます。HTMLとCSS、デザインの知識が必要なので、本書では扱いません。

ショップ

ショップ機能を利用する際の各種設定と管理をします。詳細は「ショップ機能を知る」で紹介します。 **Free制限あり**
▶ **p.134参照**

ブログ

ブログ機能を利用する際の各種設定と管理をします。詳細は「ブログ機能を知る」で紹介します。
▶ **p.130参照**

パフォーマンス

アクセス解析やSEOに関する設定を行います。

❶ アクセス解析

ページの訪問者数やアクセスの多いページを確認できます。運営に需要な情報を得られます。 **Proから**

▶ p.152参照

❷ rankingCoach

SEOの改善をサポートしてくれる外部サービス（有料）への申し込みができます。 **Proから**

❸ SEO

SEOに重要な「ページタイトル」と「説明文」をページごとに記載し、URLの一部を変更できます。 **Free制限あり**

▶ p.146参照

❹ Googleアナリティクス

Googleが提供している無料のアクセス解析ツールとの連携設定ができます。 **Proから**

▶ p.154参照

❺ Facebookアナリティクス

Facebook広告を利用している場合、効果を測定するための連携設定ができます。 **Proから**

❻ リダイレクトURL

ページ構成の変更やプロモーションなどの理由で、あるURLを今存在する別のページに転送したい場合に、設定ができます。 **Businessのみ**

ドメイン・メール

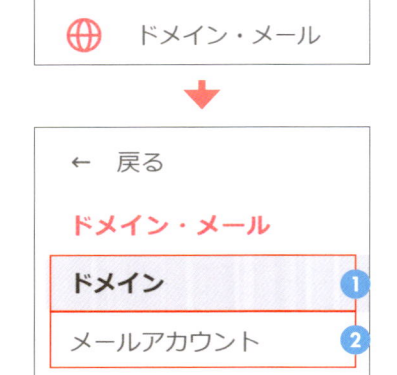

独自ドメインに関する設定を行います。

❶ ドメイン

独自ドメインとの接続設定ができます。独自ドメインの取得と管理はオプション（2年目から有料）です。 **Proから**

▶ p.28参照

❷ メールアカウント

独自ドメインを使っている場合のみ、オプション（有料）でメールアカウントを作成できます。 **Proから**

▶ p.31参照

基本設定

ホームページ全体に関する設定を行います。

① 共通項目

フッターの表記編集、ファビコンの設定など。 `Free 制限あり`
▶ p.70、p.74 参照

② プライバシー・セキュリティ

プライバシーポリシーの編集と準備中モードの設定。 `Free 制限あり`
▶ p.165 参照

③ パスワード保護領域

閲覧の制限をかけたいページにパスワードを設定できます。
▶ p.166 参照

④ フォームアーカイブ

フォーム経由のメッセージを管理できます。 `Pro から`
▶ p.124 参照

⑤ ヘッダー編集

HTMLのヘッダーに独自のコードを書けます。 `Free 制限あり`

⑥ サーバー容量

サーバーの容量と利用割合を確認できます。

お問い合わせ

サポートに問い合わせができます。

ポータル

Jimdoに関する便利な情報が掲載されています。

契約に関する管理

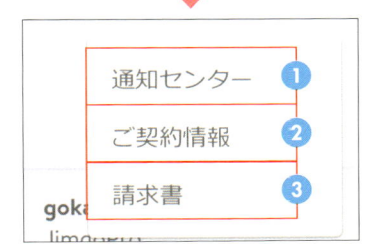

契約に関する情報を操作します。

① 通知センター

Jimdoからのお知らせが表示されます。

② ご契約情報

有料版の支払い情報確認や解約ができます。 `Pro から`
▶ p.168 参照

③ 請求書

有料版の請求書を確認できます。 `Pro から`

2
section **06**

ページのデザイン要素を知る

Jimdoのレイアウトを選んだり、実際にページの中身を作っていくうえでは、ページを構成する要素を知っておくことが重要です。レイアウトによって選択時のデザインや使われている素材は様々で、ずいぶん印象は異なります。

○ 基本的なデザイン要素とその説明

どのレイアウトも同じパーツで構成されていますが、配置やルールは様々です。デザインの構成要素を知っておくと、レイアウト選びや制作に役立ちます。

「Tokyo」レイアウト

「Berlin」レイアウト

「Madrid」レイアウト

❶ ナビゲーション

ホームページのナビゲーションです。第1階層が表示される箇所はレイアウトによって異なります。レイアウトによっては、第2階層以降はマウスオーバーした時にだけ出現するものもあります。

▶「ナビゲーションを編集する」p.64参照

❷ ヘッダーエリア

「ロゴ」「ページタイトル（テキスト）」「背景」の3要素をまとめてヘッダーエリアと呼びます。レイアウトによって最も違いの出る部分です。「ロゴ」の位置やサイズ、「背景」の範囲などはページ全体の印象に大きく影響します。「ページタイトル」が入っていない場合もありますが、編集画面で確認すると入力エリアは用意されています。

▶「背景画像を設定する」p.53参照
▶「ロゴを設定する」p.58参照
▶「ページタイトルを変更する」p.60参照

❸ メインコンテンツエリア

ホームページの内容にあたるエリアです。ここに文章や画像などを配置して自由にページを作成していきます。様々なコンテンツを簡単に追加することができます。

▶「コンテンツを追加・編集する」p.76参照

❹ サイドバーエリア

全ページ共通の内容が入るエリアです。多くのレイアウトではページの下部に配置されていますが、レイアウトによっては「サイドバー」という名称のとおり左側、右側に配置されています。

❺ フッターエリア

コピーライトなど、限られた内容を掲載できるエリアです。

▶「フッターを編集する」p.70参照

本書では「ブラウザ」という言葉が繰り返し出てきます。「ブラウザ」というのは、ホームページを見るために必ず使用するアプリケーションです。

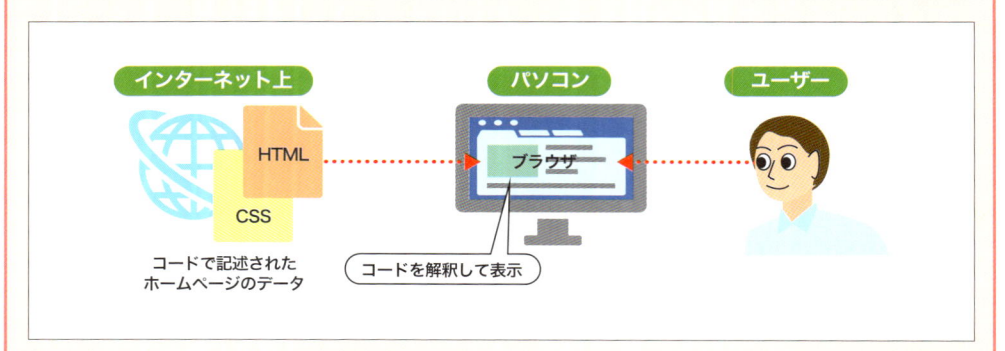

ブラウザアプリケーションにはいろいろな種類があり、どれを使うかはユーザーの自由です。多くの人が、パソコンやスマートフォンにはじめからインストールされているブラウザを使用するので、自分がどれを使っているかということをあまり意識していません。ユーザーとしてはそれでも構わないのですが、Jimdo でホームページを作る皆さんは、ブラウザに様々な種類があるということを知っておいてください。

ホームページを閲覧する機器は、パソコン、タブレット端末、スマートフォンなど様々で、OS（Windows と Mac など）の違いもあり、それぞれの環境にもともと入っているブラウザも、好みでインストールできるブラウザも少しずつ異なります。

なお、Jimdo は Google Chrome の使用を推奨していますが（p.17参照）、これは、Jimdo でホームページを「作る場合」の推奨環境です。Jimdo で作られたホームページを「見る」ユーザーは様々な環境で見ています。

Chapter 3

ホームページの基本構造

デザインの基本部分を作るために必要な手順と、ナビゲーションとホームページの構成を決める方法を解説します。

3

section
01

レイアウトを選ぶ

Jimdoには、世界中の都市名がつけられた多くのレイアウトが用意されています。アカウント登録時に選んだレイアウトは変更できるので、豊富なテンプレートから自分の作るホームページにふさわしいものを選びましょう。

◯ レイアウトを変更する

❶ [管理メニュー]から[デザイン]をクリックし、

❷ [レイアウト]をクリックします。

❸ レイアウト選択ツールが表示され、編集画面に現在のレイアウト（例では「Tokyo」）が適用されています。

❹ レイアウト選択ツールで試したいレイアウト（例では「Barcelona」）にマウスポインターを合わせて、

❺ [プレビュー]をクリックします。

⑥ 選択したレイアウトがプレビュー状態になります。[保存]をクリックすると正式に適用され、[やり直す]をクリックするとキャンセルされます。ここでは[やり直す]をクリックします。

✓MEMO

画面右上のデバイス別アイコンをクリックするとスマートフォンでの表示も確認できます。プレビューの方法はp.40を参照してください。

❍ レイアウトとプリセット

Jimdoには、40種類のレイアウトがあります。それぞれのレイアウトには少しずつデザインの異なる複数の「プリセット」が用意されており、これらを含めた180種類以上の選択肢からより好みに近いものを選ぶことができます。

プリセットを表示するには、p.50手順⑤の画面で[プリセット]をクリックします。以下の例ではレイアウト「Chicago」のプリセットを表示しています。

 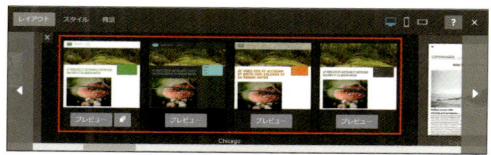

❍ レイアウトの選び方

どのレイアウトを選んだらよいかわからない時は、以下の2点に注目して検討しましょう。

▶**ナビゲーションの使いやすさ**
ユーザーにとってわかりやすいかどうか。

▶**背景画像の配置や面積**
ホームページで表現したい雰囲気にあっているかどうか。

✓MEMO

すべてのレイアウトを一覧して見比べたい場合は、デザインフィルター（https://jimdo.design/）が便利です。開発者向けに用意された英語のページですが、特徴別のアイコンで簡単に表示を切り替えられます。

ホームページの基本構造

背景画像を設定する

Jimdoでは、背景画像の選び方で全体のデザインの印象が大きく変わります。レイアウトによって背景画像の配置や表示面積は違うので、使用するレイアウトとホームページの趣旨にあう画像を選びましょう。

背景画像を変更する

❶ [管理メニュー]から[デザイン]をクリックし、

❷ [背景]をクリックします。

❸ [背景]が選択されていることを確認し、

❹ ➕をクリックします。

❺ [画像]をクリックすると、パソコンのファイル選択画面が表示されるので、背景に設定したい画像ファイルを選びます。

6 登録した画像で背景がプレビュー状態になります。[保存]をクリックすると正式に適用され、[やり直す]をクリックするとキャンセルできます。

✓POINT

背景画像はページごとに違う画像を指定できますが、全ページ同じ背景画像にした方が統一感が出ます。[この背景画像をすべてのページに設定する]をクリックすると一括指定できて便利です。

✓MEMO

背景画像は、通常全てのページに表示されますが、「Tokyo」レイアウトの場合、「ホーム」にしか背景画像が表示されません。また、レイアウトによっては、「ホーム」とその他のページで背景画像の表示サイズが違う場合もあります。

○ 背景画像の位置設定

背景設定ツールで設定画像上にある白い丸をドラッグすると、画像の表示の中心点を調整できます。例では中心点を上に移動して、写真中のタイプライターの位置がタイトル文字に近づくように調整しました。

背景設定ツールの右上にある歯車 ⚙ をクリックすると[背景固定]のスイッチが表示されます。オンに設定すると、画面上でスクロールしたときに背景画像が動かず、ヘッダーやコンテンツだけが背景画像上をスクロールしていくような効果が得られます。レイアウトによってはあらかじめオンになっていてオフにできないものもあります。

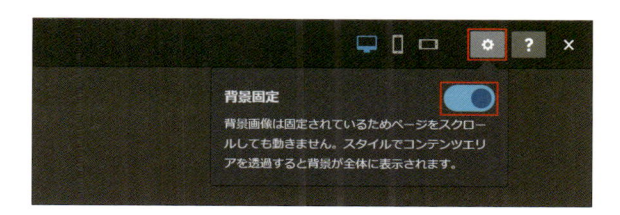

◎ 使用する画像サイズ

背景画像は画面サイズに応じて拡大表示されるため、登録した画像が小さすぎると、画質が悪くなってしまいます。デザイン全体の印象を悪くしてしまうので、十分なサイズの画像を使用しましょう。Jimdo では横幅1600 ピクセル以上の画像を使用することを推奨しています。ただし、大きすぎるとファイルが重くなるので、横幅1600〜2000 ピクセル程度を目安にするとよいでしょう。画像ファイルの形式は「jpg」か「png」にします。

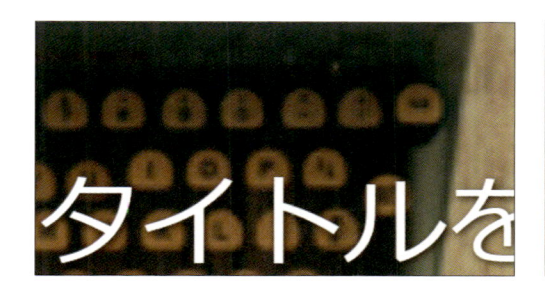

小さいサイズの画像を登録した状態。画像が悪くなり粗く表示されている。

▶ 横：500 ピクセル×縦：333 ピクセル

ある程度大きい画像を登録した状態。くっきり表示されている。

▶ 横：1900 ピクセル×縦：1267 ピクセル

✓POINT

Windows 10 の「エクスプローラー」を使うと、サイズとファイル形式を確認できます。[表示]タブで「詳細ウィンドウ」を選び、「ファイル名拡張子」にチェックを入れて、情報を見てください。MacではFinderで「カラム形式」にすると、同様に確認できます。

背景画像をスライドや動画にする

section 03

背景画像は1枚の写真だけでなく、複数の画像をスライド表示させたり、動画を指定したりもできます。また、画像を使用せずにカラーだけを指定することもできます。様々に印象が変わるので合う背景を見つけましょう。

背景画像をスライドにする

① p.53手順**⑤**の画面で[スライドを表示]をクリックします。パソコンのファイル選択画面が表示されるので、1枚目に使用する画像を選択します。

② [スライド表示設定]に1枚目の画像が登録されます。 ＋ をクリックして2枚目以降に使用する画像をすべて追加します。

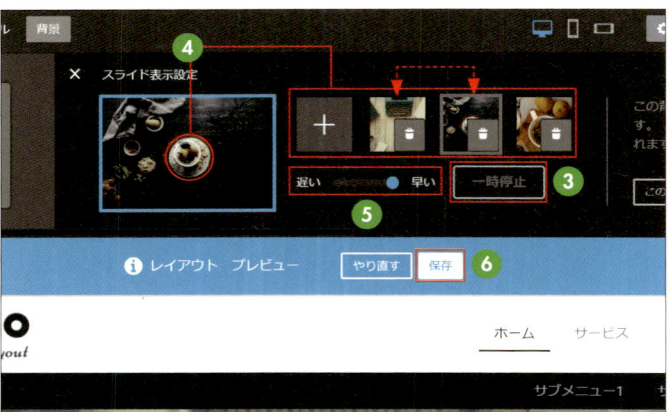

③ プレビューの再生をして確認しながら、

④ 画像の再生順と中心点を決め、

⑤ 再生スピードを調整して、

⑥ [保存]をクリックします。

✓POINT

スライドショーには画像を25枚まで追加できますが、多すぎるとユーザーがたくさんのデータを読み込まなければいけなくなります。3～4枚を目安にするとよいでしょう。

背景画像を動画にする

p.56手順❶の画面で[動画]をクリックすると、背景に動画を指定することができます。動画のリンクを設定するウィンドウが表示されるので、YoutubeかViemoですでに公開している動画のURLを貼り付けて[動画を追加する]をクリックします。

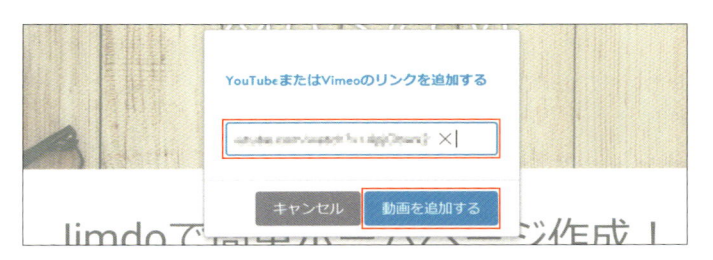

✓**MEMO**

スマートフォンで表示すると背景動画は再生されない仕組みになっています。

3

背景色を設定する

p.56手順❶の画面で[カラー]をクリックすると、背景にカラーを設定できます。表示されるカラー設定ツールから好きな色を選択します。

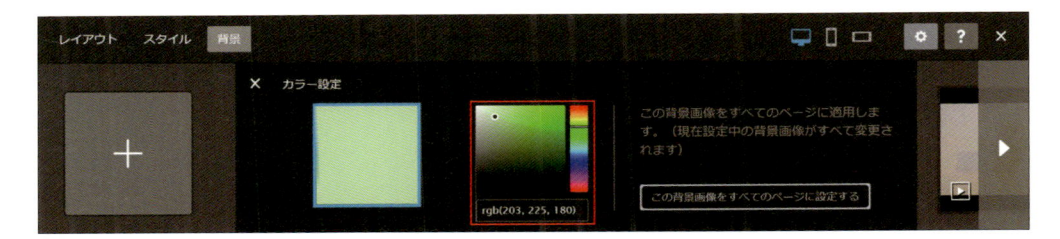

✓**MEMO**

レイアウト「Tokyo」の場合は画像やスライドの背景が向いていますが、背面全体に背景が配置されるレイアウトの場合、背景色の指定にするとすっきりした印象になります。

背景設定ツールについて

背景設定ツールでいったん登録した背景アイテムは、後から選び直すことができます。各アイテムの⚙をクリックすると再編集でき、🗑をクリックすると削除できます。

3

section 04

ホームページの基本構造

ロゴを設定する

会社やお店やサービスのロゴを用意して、ホームページだけでなく名刺やチラシ、看板等で一貫して使用すると、ユーザーの印象に残りやすくなります。Jimdoのレイアウトにはロゴを掲載するエリアがあるのでぜひ活用しましょう。

⭕ ロゴを変更する

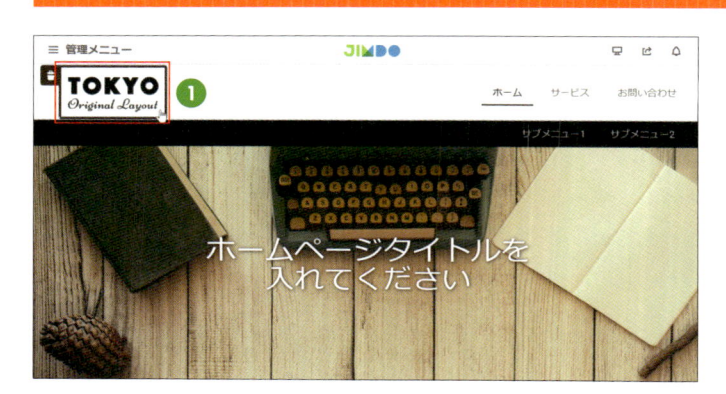

1 編集画面でロゴ部分にマウスポインターを移動し、枠が表示されたらクリックします。

2 アップロードアイコン🔼をクリックし、パソコンのファイル選択画面でロゴに設定したい画像ファイルを選択して、

3 [保存]をクリックするとロゴが変更されます。

◎ ロゴを削除する

ロゴが不要な場合は使用しなくても構いません。編集ツールのゴミ箱🗑をクリックすると、ロゴを削除できます。編集画面上にはロゴエリアを示すマークが表示されますが、実際のホームページには何も表示されません。もう一度ロゴを入れたい場合、[ロゴエリア]をクリックすれば登録できます。

◎ ロゴで使う画像の注意点

ロゴには、背景を透過したPNG形式の画像ファイルを使用してください。背景が透過されていないと、下地の色ごと表示されてしまいます。

背景を透過したPNGファイル

背景を透過していないPNGファイル

また、ロゴの色と設置場所の色が似ているとロゴが背景に埋もれてしまいます。文字と背景のコントラストがはっきりするように気をつけましょう。

コントラストがはっきりして見やすい

コントラストが弱く背景に埋もれている

> **✓POINT**
>
> ロゴはプロにデザインを依頼することをおすすめしますが、ホームページの目的によっては、個人で気軽にシンボルマークを作りたい場合もあるかもしれません。ロゴ作成のオンラインサービスがあるのでチャレンジしてみてもよいでしょう。

3

section 05

ホームページの基本構造

ページタイトルを変更する

Jimdoでは、全ページ共通のページタイトルを入れられます。ロゴの補足やキャッチコピー、ロゴの代わりのタイトルなど、レイアウトに合わせて入力しましょう。ページタイトルの配置場所はレイアウトによって異なります。

● ページタイトルを変更する

❶ 編集画面でページタイトル部分に
マウスポインターを合わせ、

❷ 枠が表示されたらクリックします。

❸ テキストを入力し、

❹ ［保存］をクリックすると、ページ
タイトルが変更されます。

✓MEMO

ページタイトルの文字サイズや色を変更したい場合、ここでは編集できません。「スタイル」設定で変更することができます（p.62参照）。

○ ページタイトルの配置

レイアウトによってページタイトルエリアの配置や仕様は様々です。例えばレイアウトが「Tokyo」の場合はページタイトルは背景画像上の真ん中に設定されますが、「Cairo」の場合はページ左上に配置されます。ロゴの表示位置とのバランスや、スマートフォンでの表示も確認して、ページタイトルを決めましょう。例では比較しやすいように、異なるレイアウトに同じ背景画像と同じロゴ画像を適用しています。

「Tokyo」レイアウト

スマートフォン表示

「Cairo」レイアウト

スマートフォン表示

○ ページタイトルを削除する

編集ツールの🗑をクリックすると、ページタイトルを削除できます。編集画面上にはページタイトルエリアを示すマークが表示されますが、実際のホームページには何も表示されません。もう一度ロゴを入れたい場合、[ページタイトル]をクリックすれば登録できます。

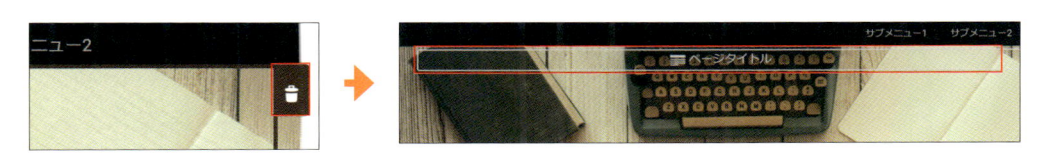

✓MEMO

「Tokyo」レイアウトの場合、ページタイトルは「ホーム」ページだけに表示する仕様になっているため、他のページには表示されません。

3

section 06

ホームページの基本構造

スタイルを変更する

Jimdoの各レイアウトはプロが作成しているのでデザインのバランスが整っていますが、そのルールを変更することができます。スタイルで変更した内容は、すべてのページの同じパーツに影響します。

ホームページ全体のスタイルを変更する

ホームページ全体に一括指定されているスタイルを変更する方法です。

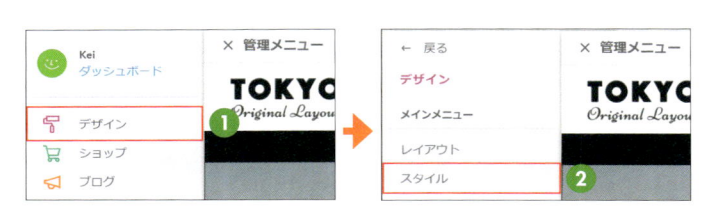

1. ［管理メニュー］から［デザイン］をクリックし、

2. ［スタイル］をクリックします。

3. スタイル設定ツールで［詳細設定］がオフになっているのを確認します。

4. 「見出し」の▼をクリックします。

5. リストから「丸フォークR」を選び、プレビューエリアで確認します。

6. 同様に「テキスト」に「ナウ-GM」を選び、［保存］をクリックします。

✓**MEMO**

日本語フォントの選択肢が豊富なのはJimdoPro以上の特典です。フォントの基礎知識はp.195、ウェブフォントの仕組みについてはp.197を参照してください。

❍ スタイルの詳細設定をする

細かいパーツごとのスタイルを変更する方法です。

① p.62手順③の画面で［詳細設定］をオンにします。

② 「文章」コンテンツにマウスポインターを合わせて⬚が表示されたらクリックします。

p.62手順③の画面

✓MEMO

同一パーツとして管理されている箇所は青い枠が同時に表示されます。

同一パーツの文字色が
すべて黒に変更された

③ ツール上に設定可能な項目が表示されます。［フォントカラー］をクリックし、

④ カラーパレットから色を選択して、

⑤ ［選択］をクリックし、プレビューエリアで確認します。

⑥ ［保存］をクリックすると設定が確定します。

✓MEMO

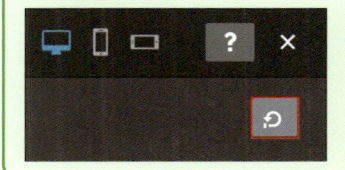

デザインの知識が無いまま詳細設定であちこち変更しすぎると、元のデザインのバランスを崩してしまうことがあります。スタイルを変更したパーツを選択して、設定ツール右端の［標準の設定に戻す］🔄をクリックすると、元の設定に戻せます。変更しすぎてよくわからなくなった時は、一旦標準に戻してみるとよいでしょう。

ナビゲーションを編集する

Jimdoでは、ナビゲーションを編集することでページを増やしたり減らしたりすることができます。ナビゲーションの編集は、ナビゲーションの表示を編集するだけでなく、ホームページ全体の構造を作る機能も兼ねています。

○ ページの構成

ホームページの内容をフロー図で整理します。ここでは図のようなページ構成を想定し、ナビゲーションを編集します。

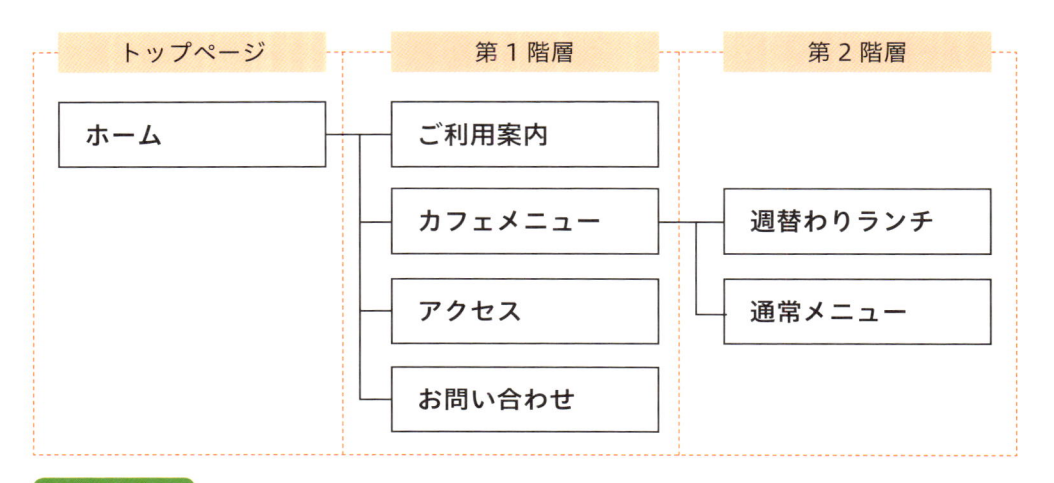

トップページ	第1階層	第2階層
ホーム	ご利用案内	
	カフェメニュー	週替わりランチ
	アクセス	通常メニュー
	お問い合わせ	

✓ **MEMO**

一度に大量な選択肢があると、ユーザーは情報を探しづらくなります。同一階層の選択肢は5個程度まで、階層は深くても第3階層程度までを目安にします。

○ 不要なページを削除する

❶ p.38を参照して編集画面を表示し、

❷ ナビゲーション部分にマウスポインターを合わせて［ナビゲーションの編集］をクリックします。

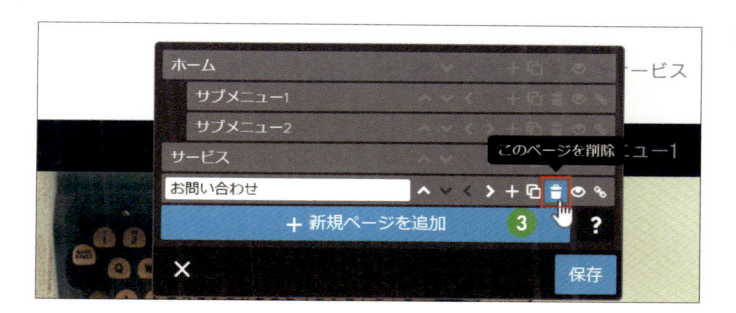

3 一旦不要なページをすべて削除します。ページ名右側の 🗑 をクリックし、確認が表示されたら、[はい、削除します]をクリックします。同じ操作を繰り返し「ホーム」以外のページをすべて削除します。

⬤ ページを追加する

1 ナビゲーションの編集ツールで[新規ページを追加]をクリックします。

2 ページが追加されるので、ページ名を入力します。

> ### ✓MEMO
>
> ページ名右側の ➕ をクリックすると、すぐ下の行にページが追加されます。

3 ここでは、同様に「ご利用案内」「カフェメニュー」「アクセス」「お問い合わせ」「週替わりランチ」「通常メニュー」を追加します。

● ページの並び順と階層を変更する

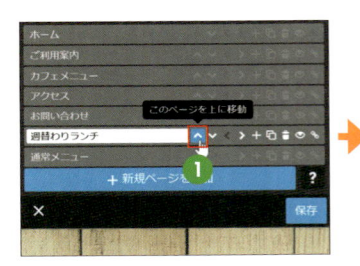 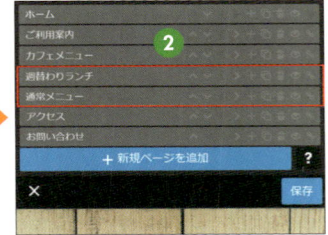

❶ ページの並び順を変更したい場合ページ名右側の⌃で上に、⌄で下に移動します。

❷ 例では「週替わりランチ」と「通常メニュー」を「カフェメニュー」のすぐ下まで移動させています。

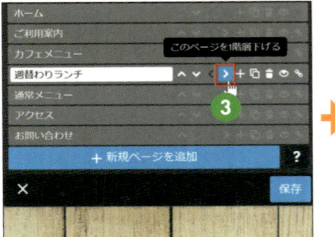

❸ 階層を変えたい場合は、‹または›をクリックします。

❹ 例では›をクリックし、「週替わりランチ」と「通常メニュー」を「カフェメニュー」より1階層下げています。

❺ 作業が終了したら、[保存]をクリックして確定します。

❻ ナビゲーションが完成しました。第2階層のナビゲーションは「カフェメニュー」ページでのみ表示されます。

✓ MEMO

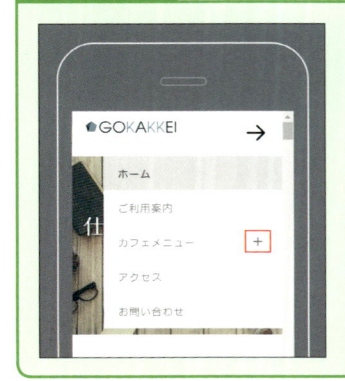

スマートフォンでは、「カフェメニュー」にだけ +が表示され、タップすると第2階層のナビゲーションが表示されます。

ホームページの基本構造

非表示ページと外部リンクナビゲーションを作成する

「ナビゲーションの編集」では、ホームページ上にナビゲーションを表示させるかどうかを選択できます。ここでは、ページを非表示にする方法と、外部URLへのリンクをナビゲーションに表示させる方法の2つを紹介します。

様々なページ構成

ページを作成しナビゲーションには表示しない

例えば、期間限定のキャンペーンページを作成した場合など、ページを作成してもナビゲーションに追加せずに、コンテンツ部からリンクするだけにしたいというケースです。

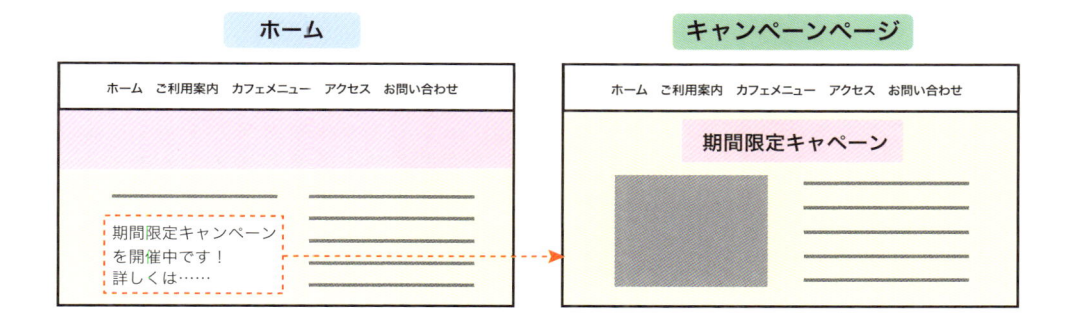

外部のURLにリンクするナビゲーションだけを作成する

例えば、すでに使用してる外部サービスのブログを使い続けたい場合など、特定のURLへのリンクをナビゲーションに追加するケースです。この機能はJimdoProからでJimdoFreeではできません。

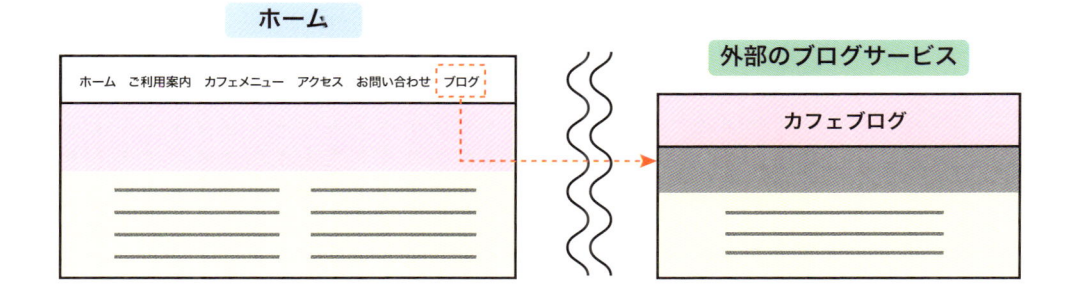

ナビゲーションには表示しないページを作る

① ナビゲーションの編集ツールを表示し、

② ナビゲーションに表示したくないページ（例では新規作成した「期間限定キャンペーン」）右側の［このページを非表示にする］ ◎ をクリックして、

③ ［保存］をクリックします。

④ 非表示設定が適用されます。編集画面では「期間限定キャンペーン」が訂正線付きで表示されますが、実際のホームページでは表示されません。

✓MEMO

非表示のページを編集するときは、訂正線付きのページ名をクリックすればそのページに移動できます。

⑤ 「期間限定キャンペーン」ページへのリンク元となる文章や画像をコンテンツエリアに用意し、

⑥ リンクを設定します（p.94参照）。例では、「ホーム」ページのテキストを書き換えてリンクを設定しています。

✓MEMO

リンクの設定ツールでは、非表示ページでも［内部リンク］の選択肢にリストされます。

外部URLへリンクするナビゲーションを作る

① ナビゲーションの編集ツールを表示し、

② [新規ページを追加]をクリックして、

③ ページ名（例では「BLOG」）を入力します。

④ ページ名右側の[外部リンク]をクリックし、

> ✓ **MEMO**
>
> 外部URLへのリンクは、JimdoProから利用できる機能です。Jimdo Free では利用できません。

⑤ リンク先のURLを入力して、

⑥ [保存]をクリックします。

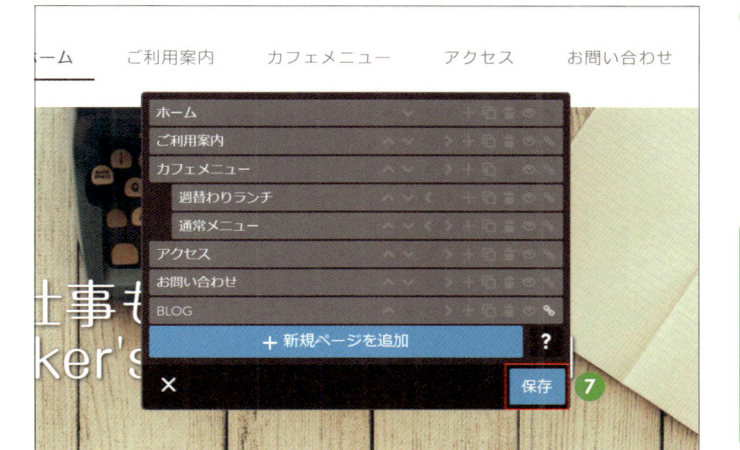

⑦ 外部リンクが設定され、が白くハイライトされます。クリックするとURLを確認、編集できます。

> ✓ **MEMO**
>
> 外部URLが設定されたナビゲーションは、クリックすると別ウィンドウ（タブ）で表示されます。正しくリンクされているかプレビュー画面で確認しましょう。

3

section
09

フッターを編集する

フッターはページの一番下のエリアで、ホームページ全体で同じ内容が表示される仕組みになっています。地味なエリアですが、より信頼度を高めるために表示内容が適正か確認しましょう。

● プランごとのフッター

JimdoFreeでは、フッターに広告のJimdoロゴと管理者用の[ログイン]リンクが表示され、Jimdoのサービスを使ってホームページを作ったことが強調されています。

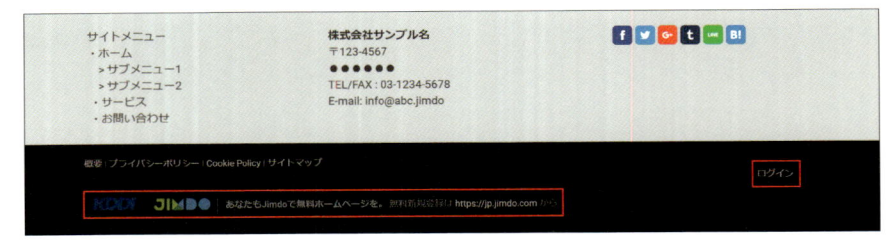

JimdoProでは、広告のロゴが消え、[ログイン]の表示／非表示を設定できます。

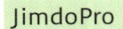

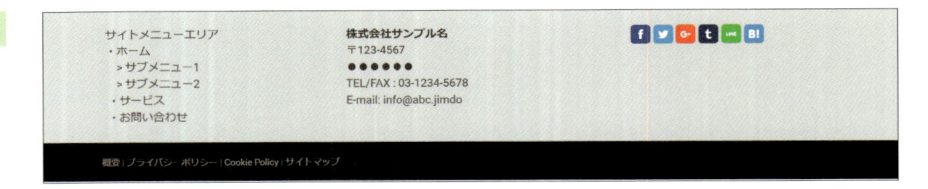

● コピーライトを追加する

❶ [管理メニュー]から[基本設定]をクリックし、

❷ [共通項目]をクリックします。

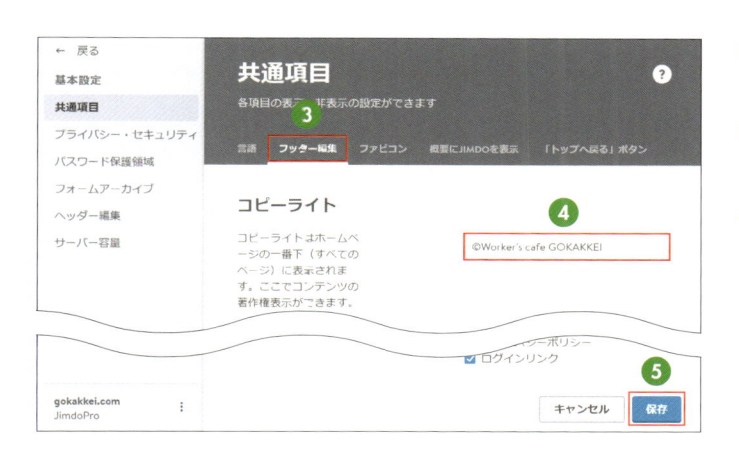

3 表示されるツールで[フッター編集]をクリックし、

4 「コピーライト」に記載したい内容を入力して、

5 [保存]ボタンをクリックします。

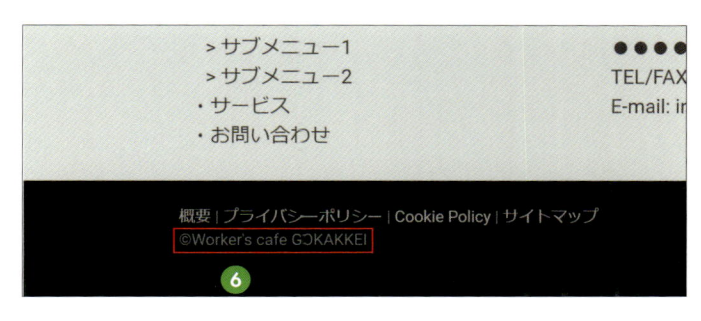

6 コピーライトが表示されます。

○ 「トップへ戻る」ボタンを追加する

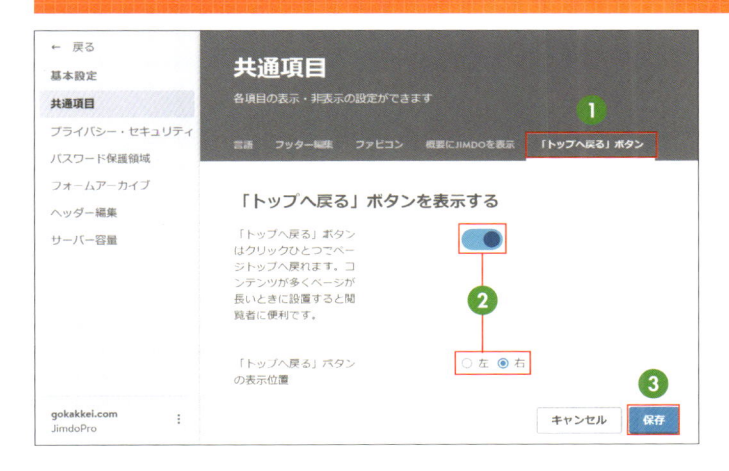

1 上の手順3の画面で[「トップへ戻る」ボタン]をクリックし、

2 ボタンの表示/非表示、表示位置を選択して、

3 [保存]をクリックします。

4 「トップへ戻る」ボタンが表示されるようになります。

✔MEMO

このボタンは、フッター部分に固定されるのではなく、常に、画面下部に表示されます。

● フッターの表示項目を設定する

[基本設定]の[共通項目］で[フッター編集]をクリックし、画面を下にスクロールするとフッターエリアに表示するリンク項目を編集することができます。表示したい項目にチェックを入れ、[保存]をクリックします。

1 配送／支払い条件
ショップ機能利用時に表示できるページで、内容はショップ機能側で編集します。

2 概要
内容を自由に編集できるページですが、フッターからしかアクセスできないページなので、不要ならばオフにします。詳しくはp.73を参照してください。

3 サイトマップ
ホームページ全体の構成を目次のように表示したページで、自動的に生成されます。オンにしておきましょう。

4 プライバシーポリシー
「プライバシーポリシー」の内容は、[管理メニュー]から[基本設定]→[プライバシー・セキュリティ]の順にクリックし、[プライバシーポリシー]で編集します。

5 ログインリンク
フッター右下に表示される管理機能への[ログイン]リンクです。ホームページを見に来たユーザーにとっては不要です。JimdoPro以上のプランを利用している場合は非表示設定ができるので、オフにしてください。

✓MEMO

JimdoFreeの場合、「フッター編集」では「配送／支払い条件」しか設定できません。

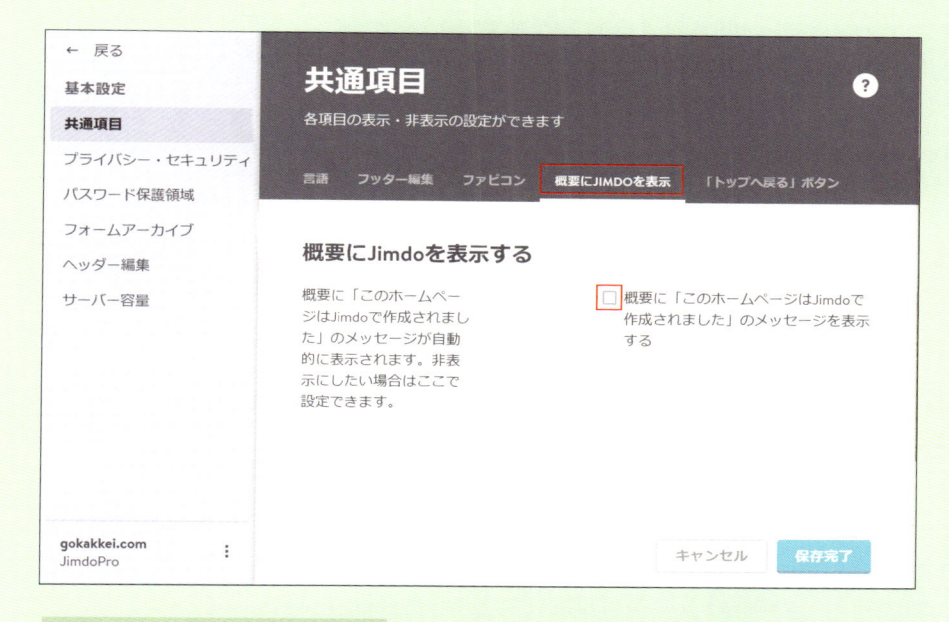
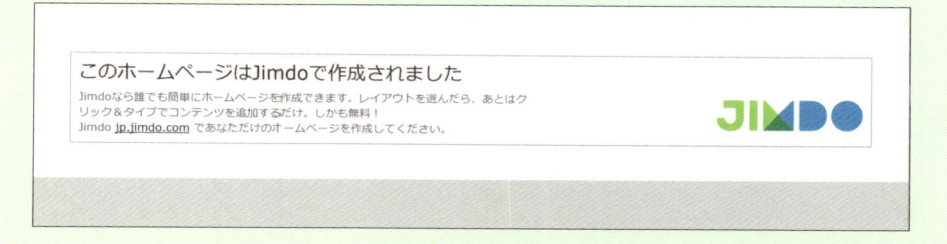

3

section

10

ファビコンを設定する

ファビコンは、ブラウザでホームページを表示したときに、タブのタイトル横や、URL横などに表示される小さなアイコンです。オリジナルのファビコンを設定してホームページの印象をアップさせましょう。

◯ ファビコンを登録する

1 [管理メニュー]から[基本設定]をクリックし、

2 [共通項目]をクリックします。

✓MEMO

Jimdoでファビコンとして登録できる画像のファイル形式は「.png」「.bmp」「.ico」です。「.ico」は特殊な形式なので、「.png」か「.bmp」の画像を準備しましょう。サイズは縦横16ピクセルか、縦横32ピクセルの正方形と決まっています。

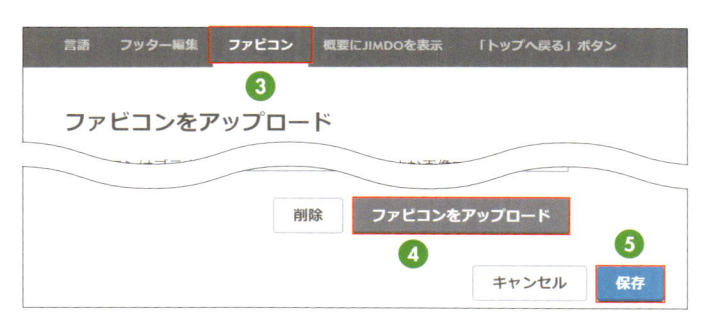

3 [ファビコン]をクリックして、

4 [ファビコンをアップロード]をクリックしてファビコンとして登録するファイルを選択し、

5 [保存]をクリックします。

6 ファビコンが設定されます。ブラウザで実際のURLを表示すると確認できます。

✓MEMO

初期状態では、Jimdoのファビコン🖼が表示されるように設定されています。オリジナルのファビコンを用意できない場合は、手順❹の画面で[削除]をクリックし、ファビコンを削除しておきましょう。

Chapter 4

基本のコンテンツを作成する

各ページを作る時に必ず使用する文章や画像など、ぜひ覚えて
おきたいコンテンツの追加、編集方法を解説します。

section 01

コンテンツを追加・編集する

Jimdoでは、「コンテンツ」と呼ばれるパーツを組み合わせてページを作成します。「コンテンツ」の種類は様々で、縦方向に自由に組み合わせることができます。すべての「コンテンツ」には共通する操作方法があります。

○ コンテンツを追加する

❶ 編集画面でコンテンツとコンテンツの間にマウスポインターを移動すると、

❷ [コンテンツの追加]と追加場所を示す横線が表示されるのでクリックします。

❸ 表示される一覧から、追加したいコンテンツ(例では[文章])をクリックします。

❹ コンテンツが追加され、設定ツールが表示されます。必要な内容の入力や設定をし、

❺ [保存]をクリックして保存します。

✓ MEMO

保存せずに別のコンテンツの編集に取りかかると、「保存されていません」というオレンジ色の枠が表示されます。再度設定を開いて保存しましょう。

◯ コンテンツを編集する

① レイアウトに配置されているコンテンツにマウスポインターを合わせ、黒い編集枠が表示されたらクリックします。

② 設定ツールが表示され、編集できるようになります。編集後［保存］をクリックします。

◯ コンテンツの移動、削除、コピーをする

① コンテンツの枠外に表示される ∧ や ∨ をクリックします。

✓MEMO

マウスポインターを合わせると表示される矢印 ⊕ をドラッグすると、コンテンツをドラッグ操作で移動させられます。

② 例ではコンテンツをひとつ上に移動しています。

さぁ、はじめましょう
このテキストは、サンプルのテキストです。これらのテキストを書き換えて、コンテンツを作成することも可能です。

さぁ、はじめましょう
このテキストは、サンプルのテキストです。これらのテキストを書き換えて、コンテンツを作成することも可能です。

さぁ、はじめましょう
このテキストは、サンプルのテキストです。これらのテキストを書き換えて、コンテンツを作成することも可能です。

✓MEMO

この操作では、同じページ内での移動しか行えません。別のページに移動させたい場合は、p.79を参照してください。

③ コンテンツを削除したい場合は、🗑をクリックします。

④ 削除確認のメッセージが表示されるので[はい、削除します]をクリックします。

⑤ Jimdoでは、コンテンツのコピーも簡単に行えます。複製したいコンテンツの🗐をクリックします。

⑥ すぐ下にコンテンツが複製されます。既に存在するコンテンツと似たコンテンツを追加したい時は、複製して内容を編集すると効率よく作業ができます。

○ その他の操作

■ コンテンツの説明

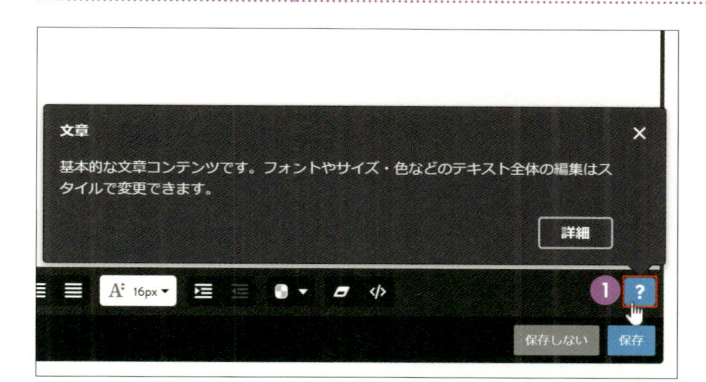

1. コンテンツの右下に表示される ? をクリックすると、そのコンテンツの説明が表示されます。何のコンテンツを編集しているのかわからなくなった時に便利です。

■ 一時保存エリア

1. コンテンツを画面上部に向かってドラッグで移動させると、一時保存エリアが出現します。このエリアにコンテンツをドロップすると保存され、あとから再利用できます。

2. 移動先が決まったら ∨ をクリックして一時保存エリアを表示し、

3. 保存しておいたコンテンツを移動先までドラッグします。これを利用すると、簡単に別のページにコンテンツを移動させることができます。

基本のコンテンツを作成する

section 02 見出しを追加・編集する

見出しを適宜使うとメリハリが出て内容が伝わりやすくなります。Jimdoでは大見出し、中見出し、小見出しの3つが選べるので、内容に合わせて見出しのレベルを選択しましょう。

○ 見出しを追加する

① 編集画面でコンテンツを追加し（p.76参照）、

② 「見出し」をクリックします。

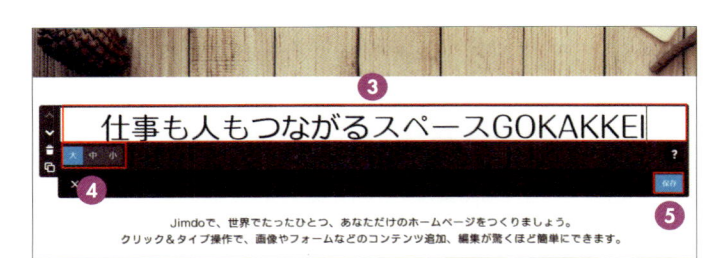

③ 見出しにしたいテキストを入力し、

④ 見出しのレベル（「大」「中」「小」）を選択して、

⑤ [保存]をクリックします。

✓POINT

見出しにはあらかじめ「大」「中」「小」それぞれに書式が設定されています。各見出しの文字サイズや色、配置などを変更したい場合、[管理メニュー]→[デザイン]→[スタイル]から「詳細設定」をオンにして設定します（p.63参照）。

4

section 03

基本のコンテンツを作成する

文章を追加・編集する

文章はホームページの様々な箇所で使用するので、場所によって見た目が違い過ぎると統一感がなくなってしまいます。まずは書式を設定しない基本形で文章を登録しましょう。

○ 文章を追加する

① 編集画面でコンテンツを追加し（p.76参照）、［文章］をクリックします。

② 表示したいテキストを入力し、

③ ［保存］をクリックすると内容が保存されます。

✓ POINT

Wordなどで作った原稿をコピー＆ペーストすると、文字サイズや色などの書式情報が再現されてしまいます。［設定解除］ をクリックすると書式を解除できます。書式はいったんすべて解除し、Jimdo上で設定した方が統一感が出ます。

基本のコンテンツを作成する

文章の書式を設定する

文章ツールでは文章の書式を様々に設定することができます。文章の文字サイズや色などを部分的に変更して強調したり、リストや配置をうまく使ったりして、よりユーザーが読みやすく要点の伝わりやすい文章を作りましょう。

● 文字に書式を設定する

① 文章ツールを開いて変更したいテキストを選択し、

② 設定したい書式（例では［太字］）をクリックして、

③ ［保存］をクリックします。

④ 手順②の画面で［斜体］をクリックすると、斜体が設定されます。

✓ MEMO

斜体は、強調表現や飾りとして使うと素人っぽさが出やすい難しいデザイン表現です。使用する場合は、引用部分や発言部分に限定して使いましょう。

✓ MEMO

ウェブフォント（p.197参照）を使用していると、太字が適用されません。太字を使用したい場合は「スタイル」設定（p.62参照）で、［テキスト］のフォント指定をウェブフォント以外（「ゴシック」か「明朝」）にしてください。「Cafe GOKAKKEI」の作例ではp.62でテキスト全体にウェブフォントの「ナウ - GM」を指定していましたが、このsectionのみ一時的に指定を「ゴシック」に変更して太字を使用しています。

◯ 文字のサイズや色を変更する

① 変更したいテキストを選択し、

② 文字サイズのプルダウンメニューから好みのサイズをクリックすると、文字サイズが変更されます。

✓ MEMO

サイズの単位はピクセル（px）で、数字が大きくなるとサイズも大きくなります。パソコンの画面で読みやすい標準的な文字サイズは16pxと覚えておくと基準になります。

③ 変更したいテキストを選択し、

④ [テキストカラー] ◯ の ▼ をクリックし、

⑤ 表示されるツールで好みの色を設定して、

⑥ [色を選んでください]をクリックすると、設定が反映されます。[保存]をクリックすると変更が確定します。

✓ MEMO

カラー設定ツールの使い方はp.213で詳しく解説しています。

✓ POINT

文章に変化をつけようとして様々な書式を複数使うと、ページの統一感がなくなり個人のブログのようなカジュアルな印象になります。ビジネスとしての信頼性を損なう可能性があるので気をつけましょう。

✓ POINT

書式設定前の初期状態の文字色やサイズなどを変更したい場合は、[管理メニュー]→[デザイン]→[スタイル]の[詳細設定]をオンにして設定します（p.6 参照）。

● 箇条書きにする

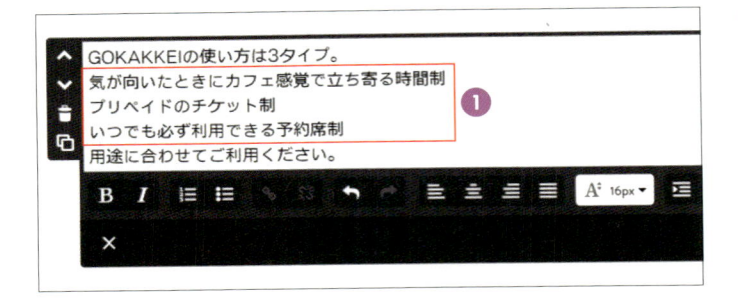

1 箇条書きを利用する場合は、前もって箇条書きにしたいテキストの1項目ごとに改行を入れておきます。箇条書きにしたい部分だけを選択し、

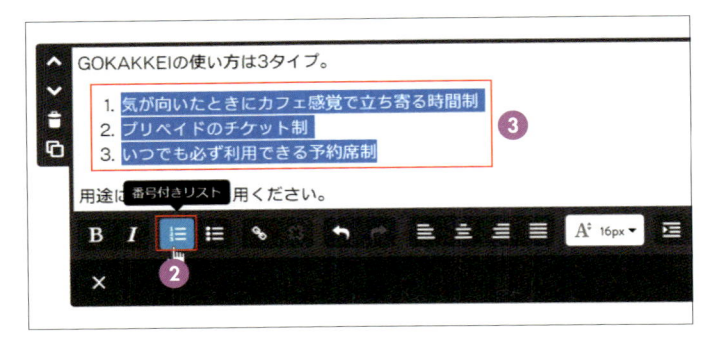

2 ［番号付きリスト］■をクリックします。

3 行頭に自動的に連番がついたリスト表記になります。

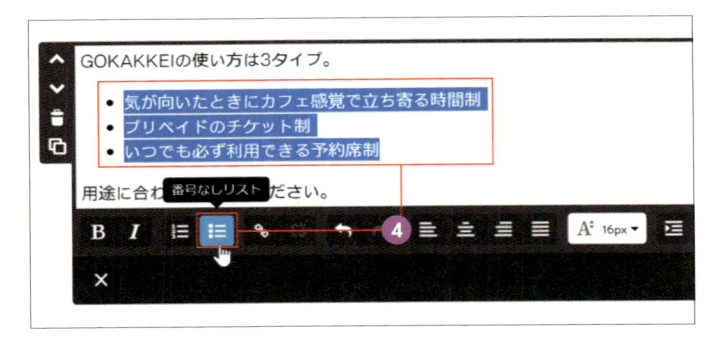

4 同様に［番号なしリスト］■をクリックすると、行頭記号が付いて表示されます。

✓ POINT

数字や「・」(中黒)をタイプして箇条書きのように見せると、2行目以降の開始位置が揃わなくなってしまうので避けましょう。

箇条書きを使用した場合

> GOKAKKEIの使い方は3タイプ。
>
> 　1. 気が向いたときにカフェ感覚で立ち寄る時間制
> 　2. プリペイドのチケット制
> 　3. いつでも必ず利用できる予約席制
>
> 用途に合わせてご利用ください。

数字を入れただけの表記

> GOKAKKEIの使い方は3タイプ。
> 1.気が向いたときにカフェ感覚で立ち寄る時間制
> 2.プリペイドのチケット制
> 3.いつでも必ず利用できる予約席制
> 用途に合わせてご利用ください。

⚫ 文章の配置を変更する

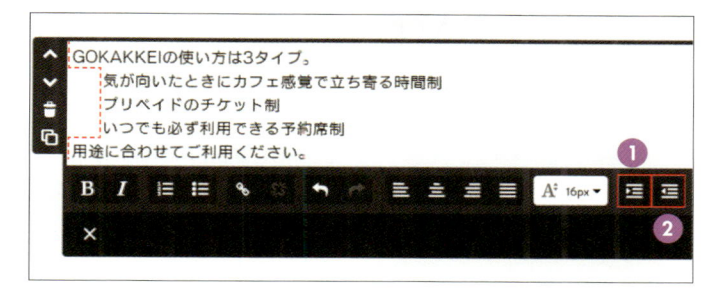

① 文章を選択して[インデント]▤ をクリックすると、文字の開始位 置を変更できます。

② インデントを解除したい場合は ▤ をクリックします。

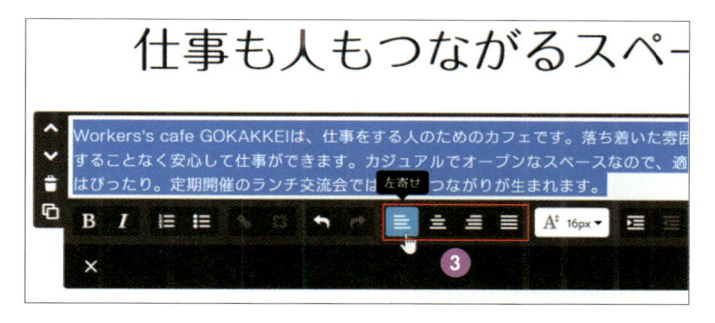

③ 文章の文字揃えを変更したい場 合は、文章を選択して[左寄せ] ▤ や[中央]▤、[右寄せ]▤、 [両端]▤ をクリックします。

4

✓MEMO

[左寄せ]と[両端]の違いがわかりにくいかもしれませんが、[両端]にすると右端の文字位置も揃えてくれるので、よ り整った印象になります。

⚫ その他の操作

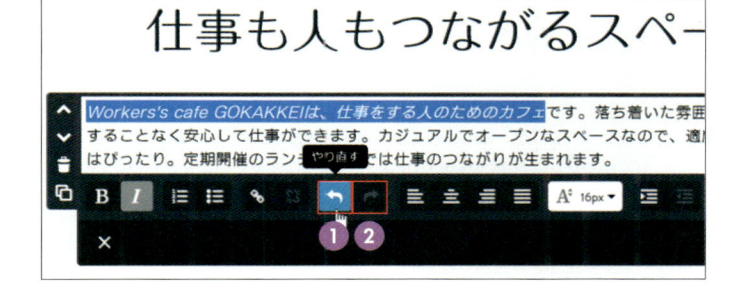

① 操作を取り消したい場合は、◀ をクリックします。

② ▶ をクリックすると、取り消した 操作をやり直すことができます。

✓MEMO

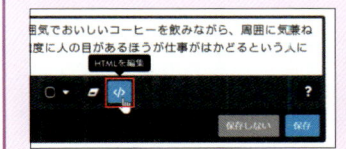

文章部分のHTMLに直接手を加えたい場合は、[HTMLを編集]◁▷ をクリック して編集することができます。HTMLとCSSの知識が必須なので、通常編集 する必要はありません。

4

section
05

基本のコンテンツを作成する

画像を追加する

ホームページには様々な画像が入ります。会社や店舗のイメージを表現するための写真もあれば、ユーザーに明確な情報を伝えるために写真や説明図を入れることもあります。画像の登録や基本設定をおさえておきましょう。

○ 画像を追加する

① 編集画面でコンテンツを追加し、

② 「画像」をクリックします。

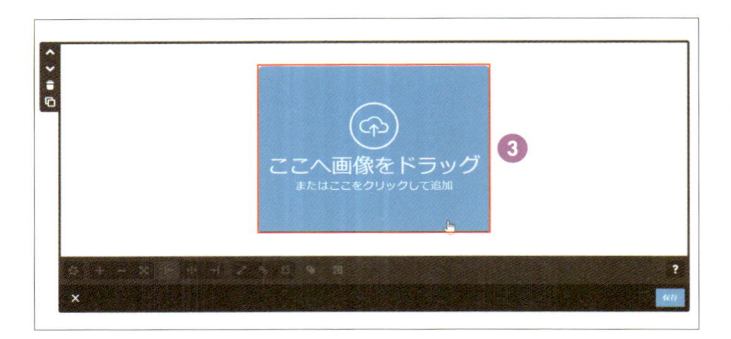

③ 設定ツールでアップロードアイコン 🔵 をクリックし、

④ パソコンのファイル選択画面から配置したい画像ファイルを選択します。

⑤ 画像が表示されたことを確認して、[保存]をクリックします。

> **✓MEMO**
>
> アップロードアイコン 🔵 に画像ファイルをドラッグして登録することもできます。

● 画像のサイズを変更する

画像の設定ツールで、サイズ変更のための［拡大］ ➕ ［縮小］ ➖ ［ページに合わせる］ ✖ をクリックすると、画像サイズを変更することができます。このとき、［ページに合わせる］ ✖ は画像を設定範囲内いっぱいに広げて表示します。

拡大／縮小

ページに合わせる

4

✓MEMO

画像の辺上に表示される青い丸をドラッグすると、より自由にサイズの変更ができます。

✓POINT

登録する画像のサイズが画像の表示範囲よりも小さい場合、［拡大］ ➕ や［ページに合わせる］ ✖ を使っても、元の画像サイズまでしか拡大できません。意図したサイズまで拡大できない場合、登録した元画像のサイズを確認してみましょう。

元の画像サイズが小さい

元の画像サイズより
大きくできない

● 画像の配置を変更する

左揃え

画像ツールで、[左揃え] 、[中央揃え] 、[右揃え] をクリックすると、画像の配置を変更することができます。

中央揃え

右揃え

● 画像を拡大可能にする

画像ツールで、[クリックして拡大させる] をオンに設定すると、ユーザーが画像をクリックした際に画像が拡大表示されるようになります。

✓MEMO

例えば商品写真など、希望するユーザーには大きな写真を見せたいという場合だけ、オンに設定します。

画像にキャプションと代替テキストを設定する

GOKAKKEIの使い方は3タイプ。

① 画像ツールで［キャプションと代替テキスト］ をクリックし、

② 「キャプション」「代替テキスト」にそれぞれ文章を入力して、

③ ［保存］をクリックします。

✓**MEMO**

文字と同様に、画像にリンクを設定することもできます（p.94参照）。

④ 設定が反映され、キャプションが画像の下に説明文として表示されます。

4

✓**POINT**

「代替テキスト」には画像の内容を示す言葉を入力します。通常ユーザーから見た画面には表示されませんが、読み上げソフトなど画像を表示できない環境で利用されます。また、検索エンジンが画像の内容を認識するために見ているので、SEO対策としても重要です。必ず入力しましょう。

✓**MEMO**

画像ツールのボタン群の右端にある［Pinterestでのシェアを許可する］ をオンに設定すると、画像にマウスポインターを合わせた際に画像シェアサービスPinterestのシェアアイコンが表示されるようになります。

基本のコンテンツを作成する

画像を加工する

Jimdoにはとても強力な画像加工ツールが組み込まれています。色味の調整や切り抜き、各種効果を加えるなど、様々な加工ができます。画像処理ソフトがなくてもJimdo上で高度な加工ができるのでとても便利です。

● 画像を加工する

① 画像ツールの左端にある[画像を編集] ✿ をクリックします。

② 「フォトエディター」が表示されるので、上部メニューから加工したい項目(例では[Color])をクリックします。

✓ **MEMO**

↺ をクリックすると、今行った操作の取り消しや取り消した操作のやり直しができます。

③ 加工内容や程度を設定します。設定結果は随時反映されるので確認し、

④ [適用]をクリックします。

⑤ 手順②の画面に戻るので、[保存]をクリックして確定します。

● さまざまな加工項目

加工の内容は、色味の調整から文字の追加までたくさんの項目があります。イメージに近い画像に近づけるように加工してみましょう。

1 効果
いくつかの加工を組み合わせた効果のプリセットを適用できます。

2 強調
撮影対象別に特徴を強調するプリセットを適用できます。

✓ POINT

[キャンセル]をクリックすると、加工を取り消すことができます。ただし、保存済みの加工は取り消すことができません。

3 フレーム

様々な外枠を追加できます。

4 Overlays

正方形に切り抜き様々なシェイプを重ねられます。

5 方向

回転や反転ができます。

6 切り抜き

様々な縦横比率で切り抜けます。

7 Color

彩度、色温度、Tint（色合い）、Fade（退色）を設定できます。

8 シャープ

くっきりさせたり、逆にぼかしたりできます。

9 フォーカス

中心を焦点にして周辺をぼかすことができます。

10 Vignette

周囲を暗くしてレトロな印象にすることができます。

11 テキスト

好みの色とフォントで文字を追加できます。

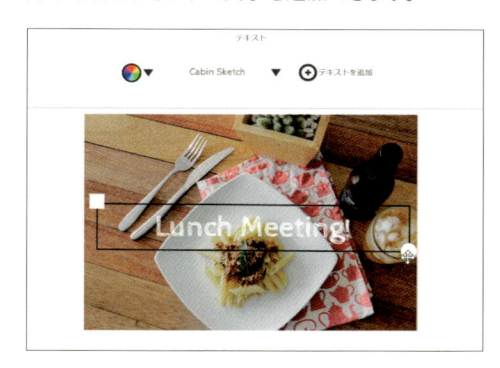

✓MEMO

一度保存した画像は、加工なしの元の状態には戻せません。もう一度加工をやり直したい場合は、元の画像を登録し直して再チャレンジしましょう。

いくつかの加工を組み合わせると、より凝った画像を作ることができます。左の例を作るのに使用した加工は以下の通りです。

- ▶ [効果]-[Signature]-[Clyde]
- ▶ [フレーム]-[Original]-[Lumen]
- ▶ [テキスト]-フォント/Cabin Sketch、色/白

基本のコンテンツを作成する

リンクを設定する

ホームページの文章や画像には、リンクを設定できます。適宜関連するページにリンクされていると、ユーザーはより情報を見つけやすくなります。ホームページ内の別のページにリンクさせるだけでなく、外部のURLをリンク先に設定することもできます。

● ホームページ内の別ページにリンクさせる

❶ 文章の編集時にテキストを選択し、

❷ [リンク] をクリックします。

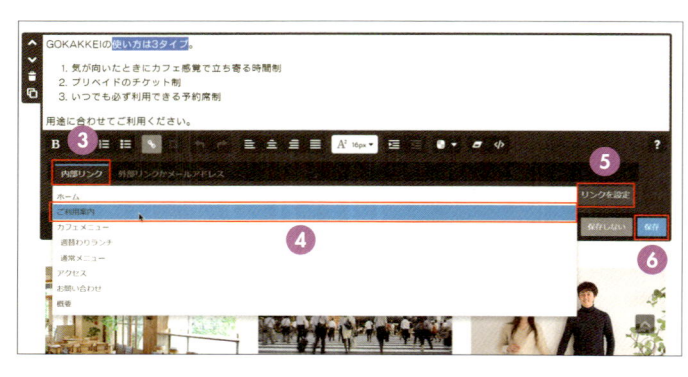

❸ 表示される設定画面で[内部リンク]をクリックし、

❹ プルダウンメニューからリンクさせたいページを選択し、

❺ [リンクを設定]をクリックして、

❻ [保存]をクリックします。

❼ リンクが設定され、テキストの色が変わります。

✓ MEMO

画像の設定ツールで をクリックすると、テキストと同様に画像にリンクを設定できます。

● その他のリンクを設定する

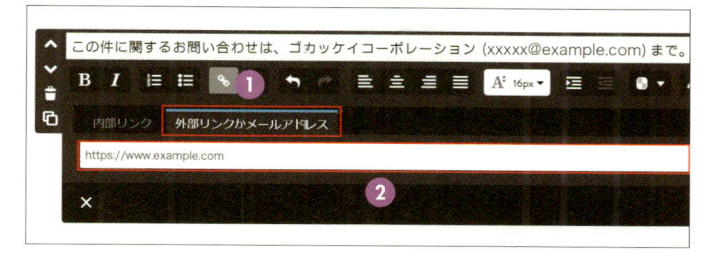

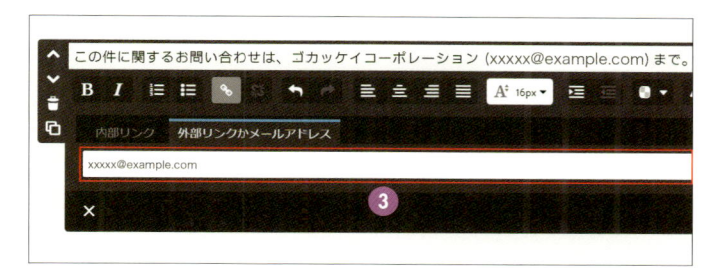

❶ p.94手順❸の画面で［外部リンクかメールアドレス］をクリックし、

❷ 設定フィールドにリンクさせたいURLを入力して［リンクを設定］-［保存］すると、外部リンクが設定できます。URLは「https://」もしくは「http://」から始まる正式な記述にしてください。

❸ 手順❷の画面で設定フィールドにメールアドレスを入力して［リンクを設定］-［保存］すると、メールアドレスへのリンクが設定できます。

4

● 設定したリンクを削除する

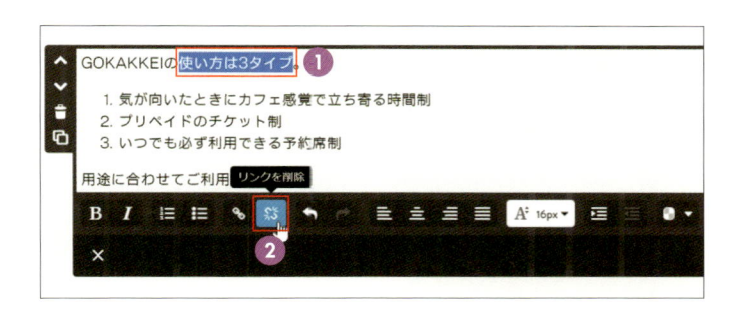

❶ リンクが設定済みのテキストや画像を選択し、

❷ ［リンクを削除］ をクリックすると、リンクが削除されます。削除後は忘れずに保存しましょう。

section 08

基本のコンテンツを作成する

画像付き文章を追加する

画像を単独で配置するのではなく、文章に添えて表示したい時に使えるのが「画像付き文章」です。画像に文章が回り込むので、長文の中に挿絵のように画像を入れたり、大きな画像の横にテキストを入れたりできます。

○ 画像付き文章を追加する

① 編集画面でコンテンツを追加し、

② [画像付き文章]をクリックします。

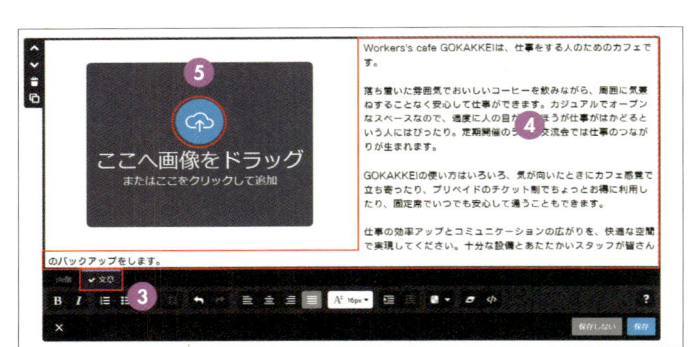

③ 設定ツールで[文章]タブが選択されていることを確認し、

④ 表示したいテキストを入力します。

⑤ アップロードアイコン 🔵 をクリックし、パソコンから画像ファイルを選択します。

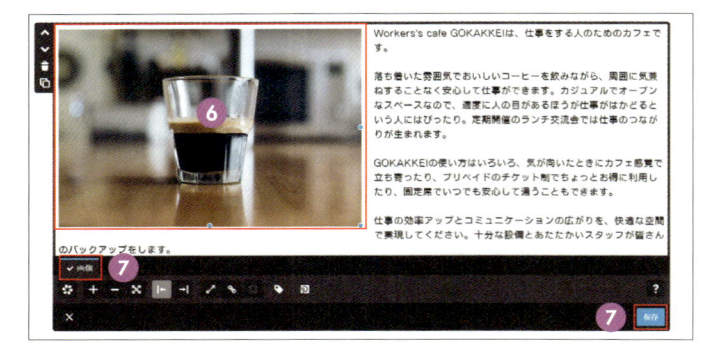

⑥ 画像が登録されたことを確認し、

⑦ [画像]タブをクリックしてサイズや配置を調整し[保存]をクリックします。

96

基本のコンテンツを作成する

カラムを利用する

Jimdoのコンテンツは上下に積んで追加するので、コンテンツを隣同士に配置することができません。カラムを使用すると、横方向に複数のエリアを区切ることができるので、様々な組み合わせでコンテンツを配置することができるようになります。

○ カラムを使ったレイアウトの例

カラムを使用した例を、レイアウト「Tokyo」を例に見てみましょう。各カラムには必要なコンテンツを好きなだけ入れられるので、カラム数が同じでも入れるコンテンツによって印象が変わります。

✓ MEMO

スマートフォンでは、狭い幅でも見やすいように各カラムが縦に積むように配置されます。カラムを使う時は、スマートフォンでどのように表示が変化するかも確認しましょう（p.41 参照）。

カラムを追加する

1. 編集画面でコンテンツを追加し、
2. [カラム]をクリックします。

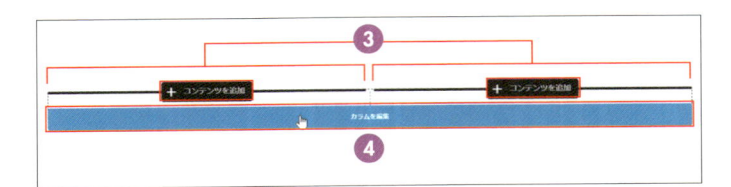

3. 2つの均等な幅のカラムが追加されます。
4. マウスポインターを近づけると表示される[カラムを編集]をクリックします。

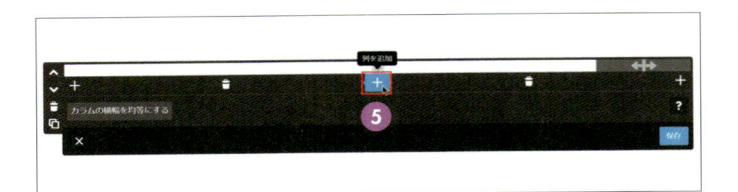

5. カラムの編集ができるようになるので、[列を追加] ✚ をクリックします。

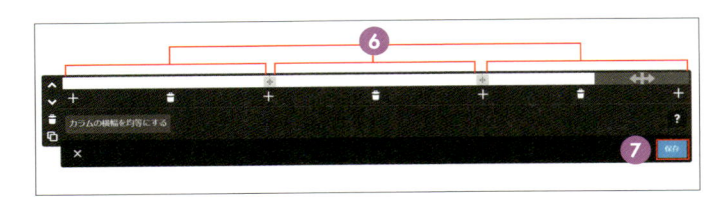

6. カラムが追加され、3列のカラムになります。
7. [保存]をクリックします。

✓MEMO

カラムの列数を減らしたい場合は、各列下にある[列を削除] 🗑 をクリックします。また、カラムの境目の ↔ をドラッグすると、カラムの幅を自由に変更できます。すべてのカラムの幅を均等にしたい時は、[カラムの横幅を均等にする]をクリックします。

● カラムにコンテンツを追加する

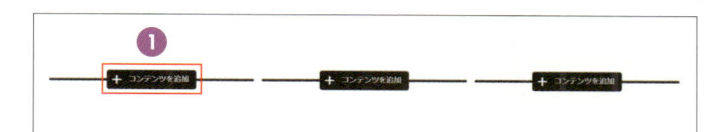

① カラムを作成した状態で、1列目のカラムの［コンテンツを追加］をクリックします。

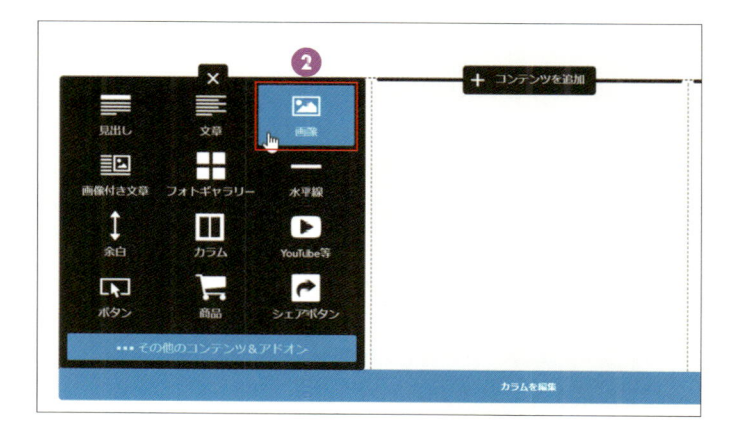

② コンテンツ一覧から［画像］をクリックし、

③ 画像を登録し保存します。

④ 追加された画像のすぐ下にマウスポインターを合わせると［コンテンツを追加］が表示されるので、クリックします。

⑤ 表示される一覧から［文章］をクリックします。

6 テキストを入力して、

7 [保存]をクリックします。

8 テキストが追加されます。

9 2列目、3列目のカラムにも同様にコンテンツを追加すると、3列にエリアを区切ったデザインが完成します。

✓MEMO

[文章]の書式設定や[画像]の各種設定、画像編集は、カラムに入れた場合も自由に行うことができます。

カラムを使用していると、カラムを編集しようと思ったのに、カラム内側のコンテンツを選択してしまうことがあります。カラム自体を編集したいときは、カラムの下部にマウスポインターを合わせて［カラムを編集］を表示させ、そこをクリックしましょう。

カラム自体の操作を解除するには、左下の［閉じる］ ✕ をクリックします。

カラムには、どのコンテンツでも追加することができます。列の数や幅も自由に設定できるので、デザインのバリエーションが広がります。

4

section
10

ボタンを追加する

テキストリンクや画像リンクより明示的にリンクを見せたい場合に便利なのが「ボタン」
です。Jimdoのレイアウトには、あらかじめ複数のスタイルのボタンが用意されていて、
簡単に設置することができます。

○ ボタンを追加する

① ここではカラムにボタンを追加し
ます。編集画面でコンテンツを追
加し、

② [ボタン]をクリックします。

③ 設定ツールでボタンのテキスト部
分を直接編集し、表示させたい
文字を入力します。

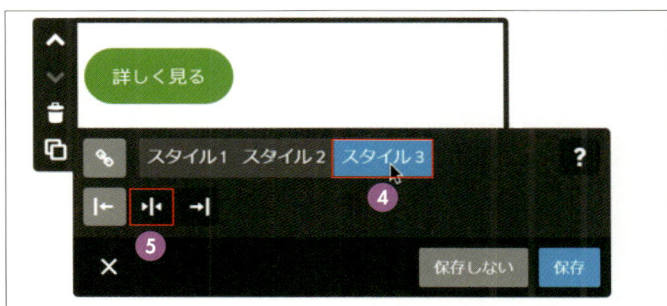

④ [スタイル1]〜[スタイル3]から好みのスタイルを選択し、

⑤ ボタンの配置位置を選択(例では「中央」)します。

✓ **MEMO**

配置は[左揃え] |←、[中央] →|←、[右揃え] →| の中から選択できます。

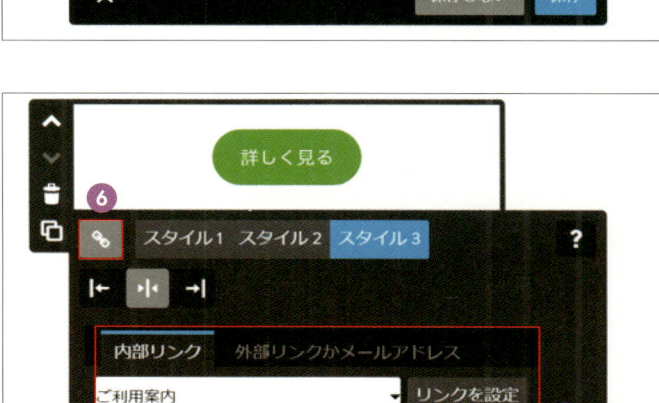

⑥ 📎 をクリックし、

⑦ ボタンのリンク先を指定して(p.94参照)、

⑧ [保存]をクリックします。

4

⑨ 作成したボタンが保存されます。例では2列目、3列目のカラムにも同様にボタンを追加しています。

✓ **MEMO**

ボタンのデザインを変更したいときは、[管理メニュー]→[デザイン]→[スタイル]設定の[詳細設定]で「ボタン」部分を選択して設定してください(p.63参照)。例では、ボタンの色と角丸(角の丸みの程度)を変更しています。この場合、ホームページ全体のボタンのデザインが変更されます。

4
section
11

余白を追加する

デザインに余白はとても重要で、情報のまとまりを示したり、文章を読むためのリズムを作ることができます。適宜余白を追加して、情報を読み取りやすいデザインに仕上げましょう。

● 余白のないデザイン

Jimdoの「コンテンツ」同士は、上下ぴったりに配置されます。余白がないと窮屈な感じがするだけでなく、情報の切れ目がわかりにくく、大変読みづらくなります。

○ 余白を追加する

① 編集画面で余白を追加したい箇所にコンテンツを追加します。

② ［余白］をクリックします。

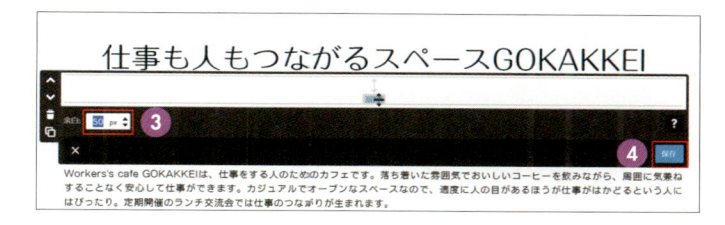

③ 余白の高さを、px（ピクセル）単位で数値入力するか境界部分の矢印をドラッグするかで指定し、

④ ［保存］をクリックします。

⑤ ほかの部分にも余白を設定します。コンテンツの区分とまとまりがわかりやすくなり、可読性も上がります。

✓MEMO

余白は細かい数値で指定すると差がわかりにくいので、10px（ピクセル）単位で指定するとよいでしょう。

基本のコンテンツを作成する

水平線を追加する

「水平線」を使用すると、コンテンツ同士の区分がより明確になります。使い過ぎるとしつこくなりますが、全体のレイアウトにメリハリがつくので、余白（p.104参照）と使い分けて活用しましょう。

⭕ 水平線を追加する

① 編集画面でコンテンツを追加し、

② ［水平線］をクリックします。

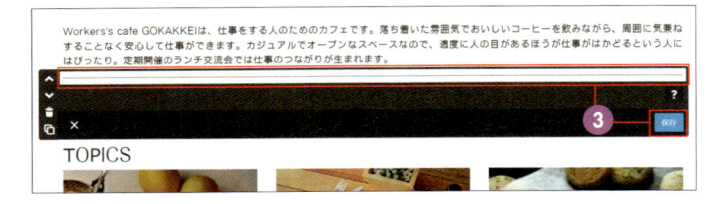

③ 水平線が追加されます。設定項目は無いので、そのまま［保存］をクリックします。

✔MEMO

水平線のデザインは、［管理メニュー］→［デザイン］→［スタイル］設定の［詳細設定］で「水平線」部分を選択して設定してください（p.63参照）。例では線の太さ、スタイル、線の色を変更しています。この場合、ホームページ全体の水平線のデザインが変更されます。

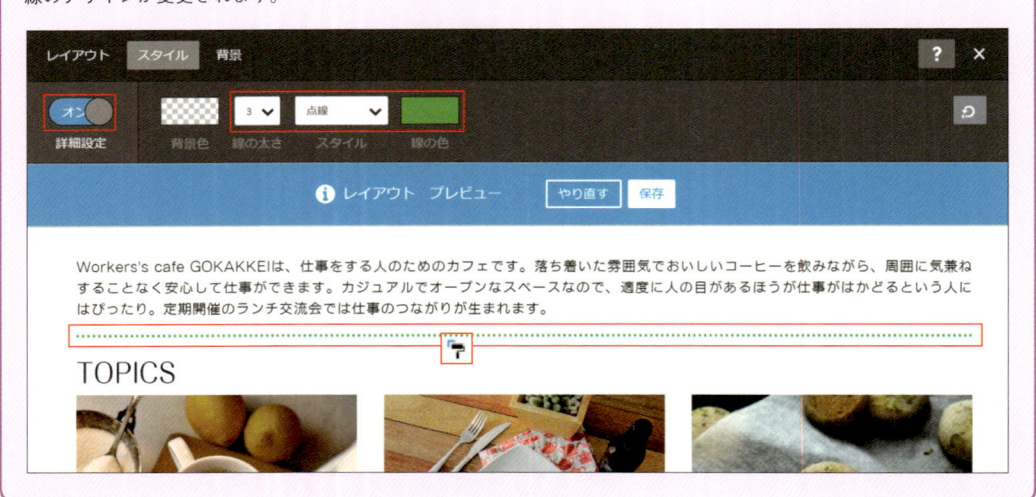

Chapter 5

一歩上のコンテンツを追加する

動画やフォトギャラリー、お問い合わせフォームなど、あった
らより便利なコンテンツの追加、編集方法を解説します。

section
01

表を追加する

たくさんの情報を一覧で表示するには表形式が便利です。横幅が十分にあるパソコンで見るときには効果的な一方、スマートフォンのように横幅の小さな画面で見るときには見づらくなる場合があるので、注意してください。

○ 表を作成する

1 編集画面でコンテンツを追加し、

2 ［その他のコンテンツ＆アドオン］をクリックします。

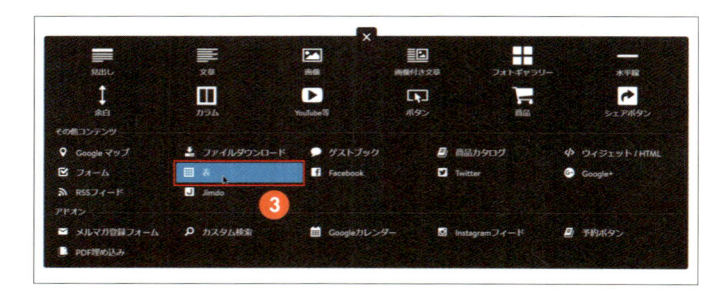

3 表示されるコンテンツ一覧から［表］をクリックします。

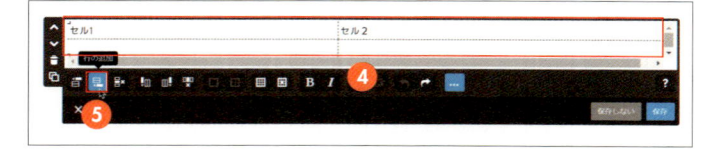

4 2行2列の表が追加され、設定ツールが表示されます。

5 ［行の追加］ をクリックします。

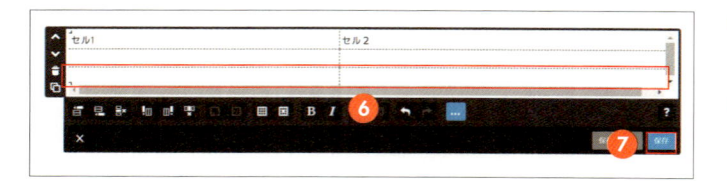

6 1行追加され、3行2列の表になります。

7 表中にテキストを直接入力したら、［保存］をクリックします。

✓ POINT

設定ツールで表の枠にテキストを入力しただけでは、余白がなく線も入らず、とても見づらい状態です。表のプロパティやセルのプロパティ（p.110参照）を設定して、デザインを整えましょう。

○ 編集ツールの画面

表の編集ツールには、表の行数や列数、デザインなどを設定する項目が多数あります。

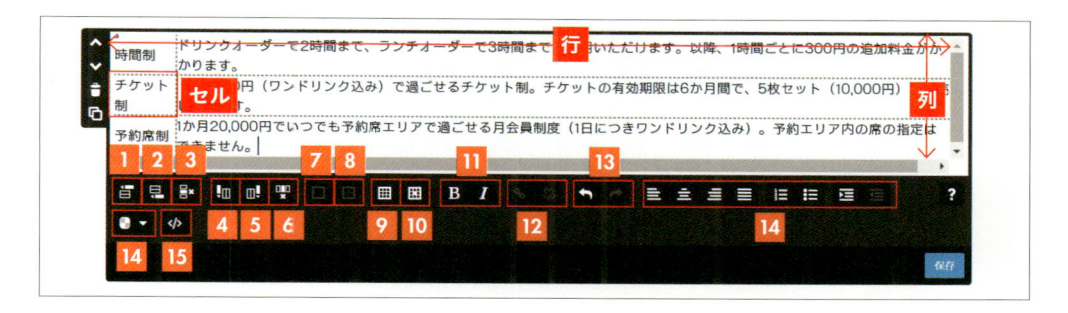

1 行の追加（上）
カーソルがある行の上に新たに1行追加します。

2 行の追加（下）
カーソルがある行の下に新たに1行追加します。

3 行を削除
カーソルがある行を削除します。

4 列を追加（左）
カーソルがある行の左側に新たに1列追加します。

5 列を追加（右）
カーソルがある行の右側に新たに1列追加します。

6 列を削除
カーソルがある行を削除します。

7 セルを結合
選択したセル同士の境界をなくして結合し、ひとつのセルにします。

8 セルの結合を解除
結合されたセルの設定を解除して、元通りに分割します。

9 表のプロパティ
表全体の背景色、外枠の罫線、セルの内外の余白を設定します。

10 セルのプロパティ
カーソルのあるセルの罫線、背景色、幅、高さを設定します。

11 書式設定
文章の太字、斜体を設定します。

12 リンク設定
文章のリンクを設定します。

13 元に戻す／やり直す
直前にやった作業を取り消します。また、取り消した作業をもう一度やり直します。

14 書式の詳細設定
文章の配置、箇条書き、インテント、色を設定します。

15 HTMLを編集
HTMLのコードを直接編集できます。

✓POINT

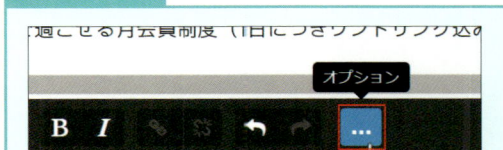

初期状態では、14や15は表示されていません。［オプション］…をクリックすると、すべての設定ボタンが表示されます。

表のプロパティを設定する

表のデザインを整えます。特に「内側の余白」を設定すると見やすい表になります。

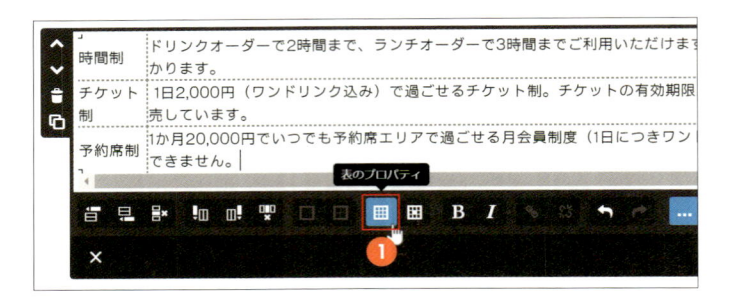

① 設定ツールで[表のプロパティ]⊞をクリックします。

② 表全体のデザインを設定し（P.111POINT参照）、

③ [OK]をクリックして[保存]をクリックします。

（P.111POINT参照）

✓MEMO

色指定の▨は色を指定せず透明であることを示します。

④ 設定が反映され、デザインが変わります。

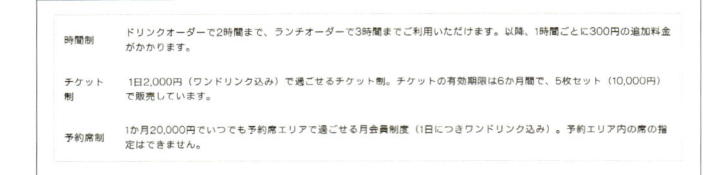

セルのプロパティを設定する

セルごとのデザインを設定して、さらに表のデザインを整えます。

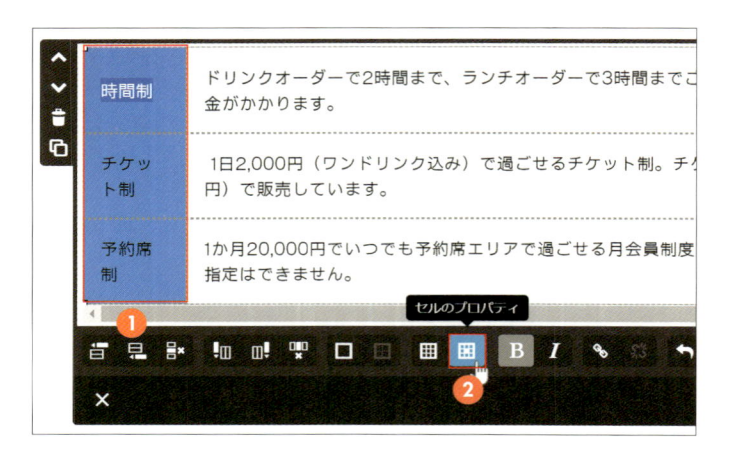

① セル（例では1列目のセル）を選択し、

② [セルのプロパティ]⊞をクリックします。

✓MEMO

セルのデザインはそれぞれ個別に設定できますが、まとめて選択することで複数のセルを同じデザインにできます。

③ セルのデザインを設定します（POINT参照）。

④ 必要であればほかのセル（例では2列目）にもデザインを設定し、

⑤ ［OK］をクリックして［保存］をクリックします。

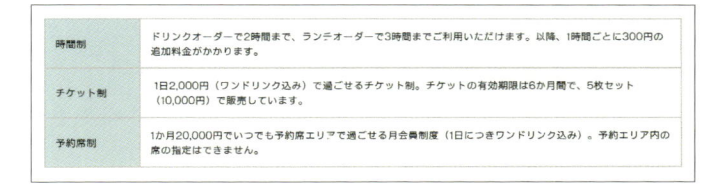

⑥ 設定が反映され、デザインが変わります。

✓ POINT

表やセルのプロパティはどの項目がどこと対応するかわかりにくいので、この図を参考にしてください。

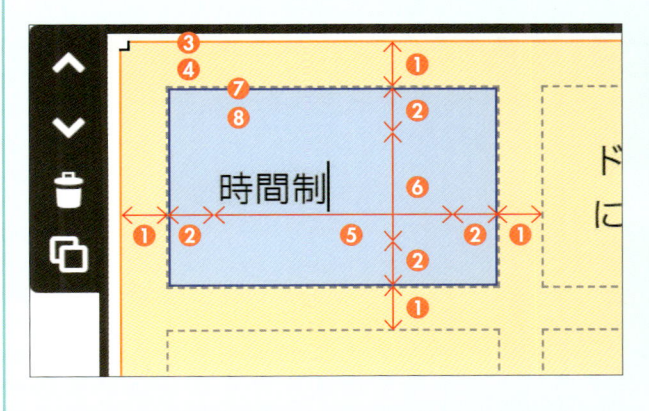
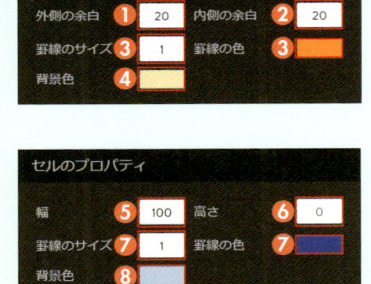

各プロパティに入力した数値は「px（ピクセル）」として登録されます。

セルのプロパティの「幅」⑤と「高さ」⑥は、数値を入力しなければ文字量に応じ自動的に変化します。

○ セルを結合する

セルを結合すると複雑な形の表が作れ、タイトル行を作るのにも便利です。

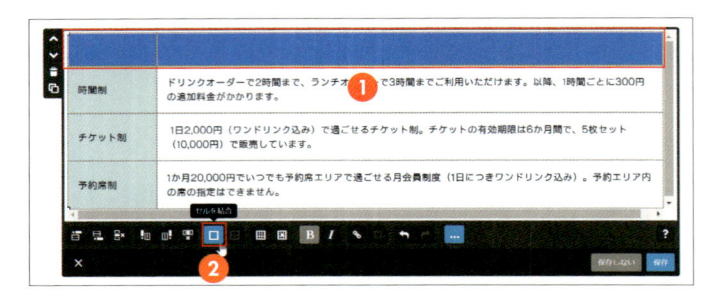

1 結合したいセルをまとめて選択し、

2 ［セルを結合］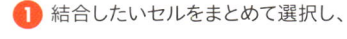をクリックします。

✓**MEMO**

例では、p.111手順**6**の表に1行追加しています。

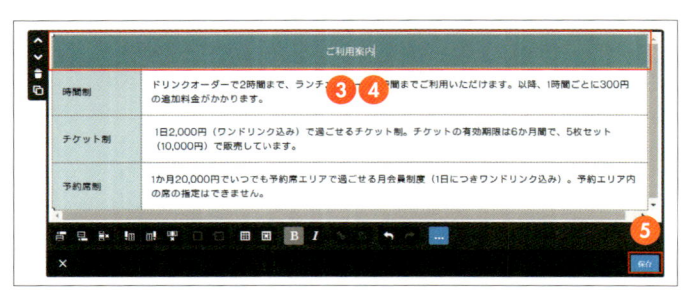

3 選択したセルが1つのセルとして結合されます。

4 結合したセルにテキストを入力して［セルのプロパティ］と各種設定でデザインを整え、

5 ［保存］をクリックします。

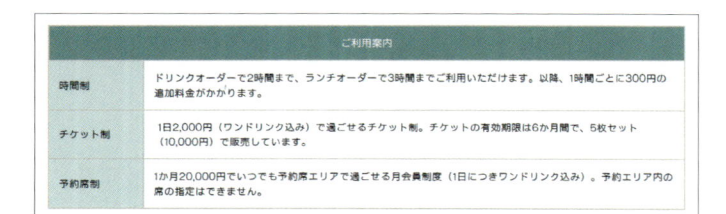

6 タイトル行ができます。

✓**MEMO**

結合したセルを選択して［セルの結合を解除］をクリックすると、元通りに分割されます。

✓**POINT**

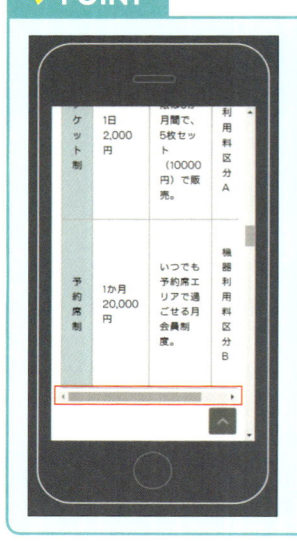

表形式は、スマートフォンのように横幅の狭い画面では見づらい可能性があります。プレビューで表示を確認しましょう。列が多い表の場合、スクロールが表示されることもあります。

スマートフォンの表についてはp.214で詳しく解説しています。

一歩上のコンテンツを追加する

フォトギャラリーを作成する

作品一覧や教室の様子、商品や料理など、ホームページで複数の写真を掲載したい場合は「フォトギャラリー」が便利です。様々なスタイルが用意されているので、伝えたい情報に応じて使いわけましょう。

○ フォトギャラリーを追加する

① 編集画面でコンテンツを追加し、

② [フォトギャラリー] をクリックします。

5

③ アップロードアイコン ⬆ をクリックし、ファイル選択画面で登録する画像ファイルを選びます。

✓ MEMO

アイコン上に画像ファイルをドラッグしても登録できます。

④ 画像が登録されたら、同じ作業を繰り返し、ギャラリーで表示したい画像を全て登録します。

5 ギャラリーのデザインを確認しながら「表示サイズ」と「余白」を調整し、

6 Pinterestでのシェアアイコン表示とクリック時の拡大表示の有無を設定して、

7 画像の表示順序をドラッグで決定します。

✔MEMO

初期状態のスタイルは[横並び]ですが、設定ツール上部のタブで他のスタイルに切り替えられます（p.115参照）。

✔MEMO

設定ツールに並んだ各画像にマウスポインターを合わせると、[画像を編集] ⚙ (p.90参照)と[削除] 🗑 ができます。

8 🗒 をクリックして「リスト表示」に切り替え、

9 キャプションを入力し、

10 [保存]をクリックします。

CAFE MENU

11 [横並び]スタイルのフォトギャラリーが完成します。例ではギャラリーの上に「見出し」を追加して「CAFE MENU」としています。

✔POINT

「拡大表示」設定をオンにしている画像をクリックすると、全面に拡大され、キャプションが表示されます。

フォトギャラリーのスタイルを選ぶ

フォトギャラリーには複数のスタイルが用意されて、タブで切り替えることができます。好みのスタイルを選択してください。

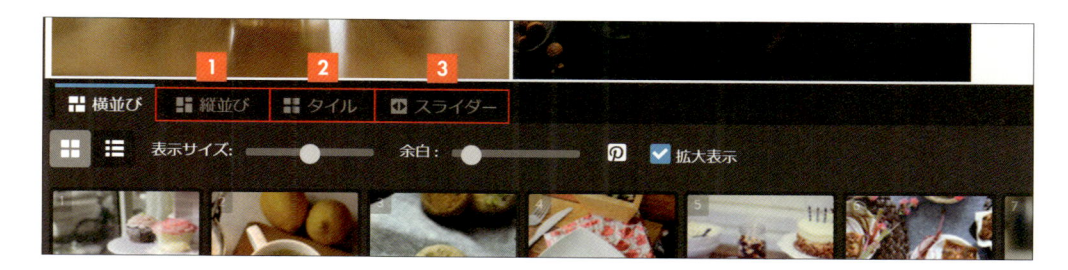

1 縦並び

元の画像比率のまま、画像の横幅を揃えて並べるスタイルです。一列目は左から右に並び、次の行は高さが低い列から順に配置されていきます。画像の列数と余白のサイズを設定でき、縦位置の写真が多い場合に向いています。

2 タイル

正方形の領域に画像を表示させるスタイルです。画像のサイズ、表示形式、枠線の有無、画像間の間隔を設定できます。画像の表示形式を「正方形」にすると、とても整然とした印象になります。

3 スライダー

大きな画像をスライド式に表示するスタイルです。再生スピードや、サムネイルの表示の有無などを設定できます。キャプションが常に表示されるので、手順を説明するような用途にも応用できます。

5

section
03

一歩上のコンテンツを追加する

YouTubeなどの動画を掲載する

動画は、臨場感のある情報をわかりやすく届けるだけでなく、難しい手順を伝えるのにも便利です。Jimdoでは、YouTubeをはじめとする各種動画サービスで公開済みの動画を簡単に掲載することができます。

● 動画を追加する

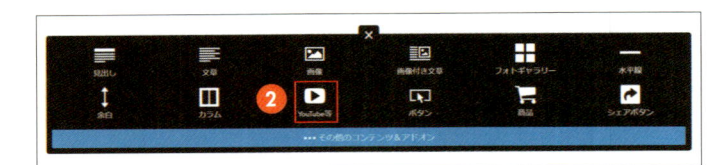

1 編集画面でコンテンツを追加し、

2 ［YouTube等］をクリックします。

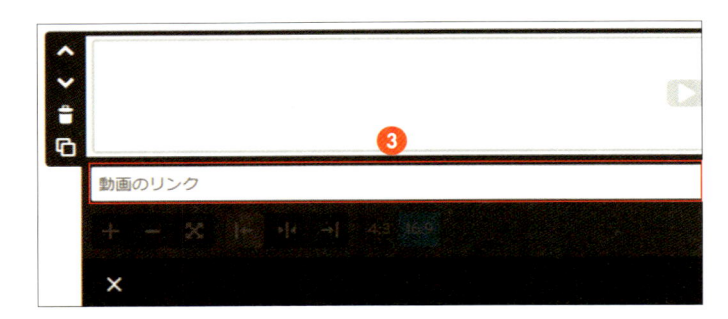

3 設定ツールが表示されたら、「動画のリンク」の欄に、動画のURLを登録します。

✓**MEMO**

動画のURLは、動画をウェブブラウザで表示するとアドレスバーに表示されます。選択してコピーしてください。

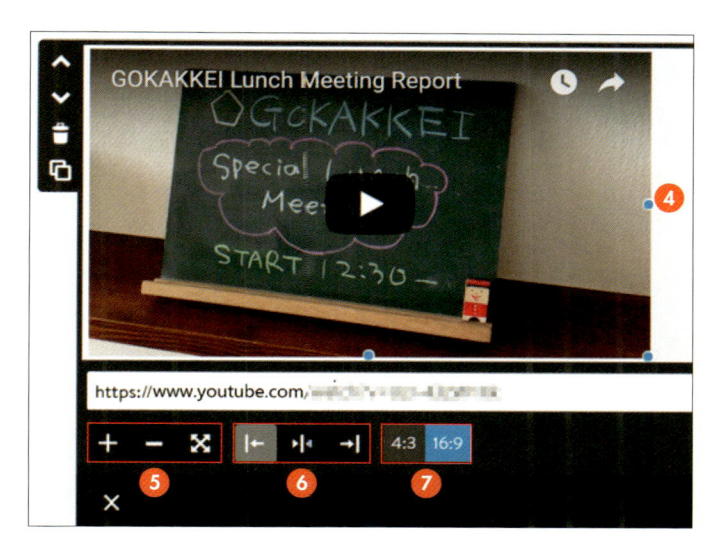

4 動画が追加されたことを確認し、

5 掲載サイズ（拡大、縮小、ページに合わせる）を調整し、

6 位置（左揃え、中央揃え、右揃え）を指定し、

7 動画の縦横比率（4：3、16：9）を設定します。

✓**MEMO**

縦横比率は、できるだけオリジナルの動画に合わせます。Youtubeでは16:9のプレーヤーが使われています。

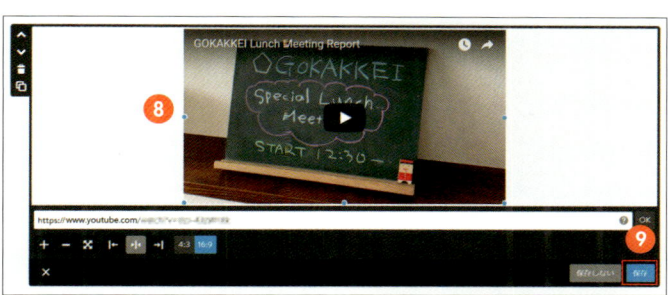

8 例ではサイズを少し拡大して中央揃えに設定しています。

9 ［保存］をクリックします。

5

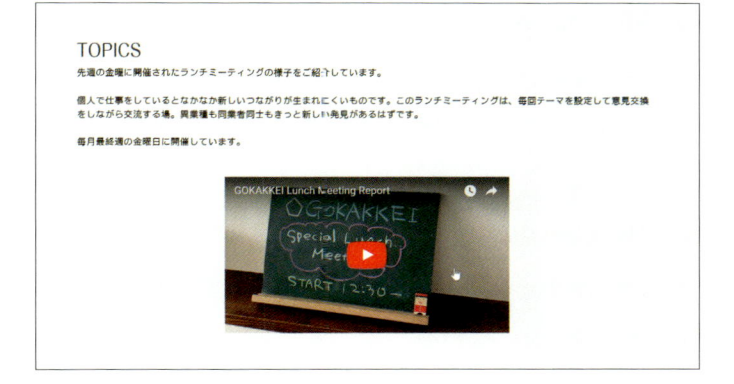

10 実際のページで動画が再生できるようになります。

✓**MEMO**

カラム（p.97参照）を使用すると、動画の隣に文字を入れるなど、配置を工夫できます。

✓**MEMO**

［YouTube等］でURLを登録して動画を掲載できるのは、以下の動画サービスで公開されているものです。動画の公開方法は、それぞれのサービスで確認してください。
YouTube、Vimeo、DailyMotion

✓**POINT**

掲載する動画は、自分が所有して公開に責任を持っている動画にしましょう。

ファイルをダウンロードで配布する

ホームページで PDF ファイルや画像ファイルなどを配布したい場合は［ファイルのダウンロード］を使います。ファイルを登録するだけで、ダウンロード用のリンクやファイルのアイコンが設置できます。

ファイルのダウンロードを設定する

❶ 編集画面でコンテンツを追加して［その他のコンテンツ＆アドオン］をクリックし、

❷ ［ファイルのダウンロード］をクリックします。

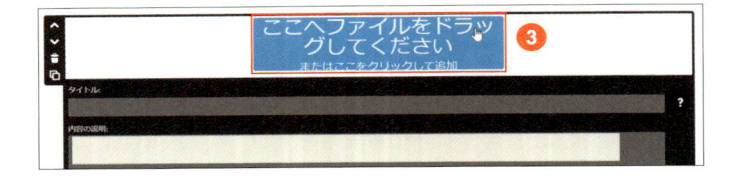

❸ 設定ツールで、ファイルをドラッグかクリックで選択して登録します。

❹ ファイルが追加されたら、「タイトル」と「内容の説明」を入力し、

❺ ［保存］をクリックします。

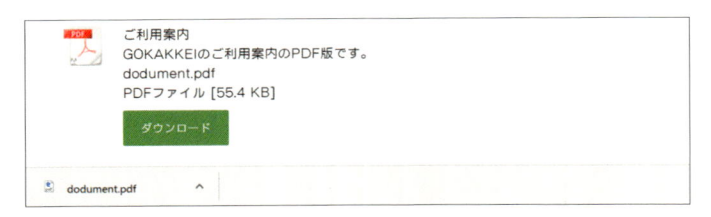

❻ ファイルのアイコンと情報、ダウンロードボタンが設置されます。図は、ダウンロードボタンをクリックしてファイルがダウンロードされたところです。

✓MEMO

登録できるファイル形式の種類とサイズの上限は決まっており、JimdoPro 以上のプランと JimdoFree で異なります。

一歩上のコンテンツを追加する

Googleマップを表示する

ショップや教室などの地図を独自に作成するのではなく、Googleマップを利用することが増えてきました。Jimdoでは、住所を入力するだけで簡単にGoogleマップを表示することができます。

○ Googleマップを追加する

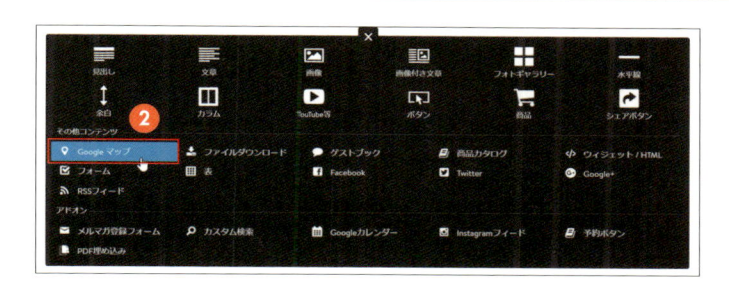

① 編集画面でコンテンツを追加して[その他のコンテンツ&アドオン]をクリックし、

② [Googleマップ]をクリックします。

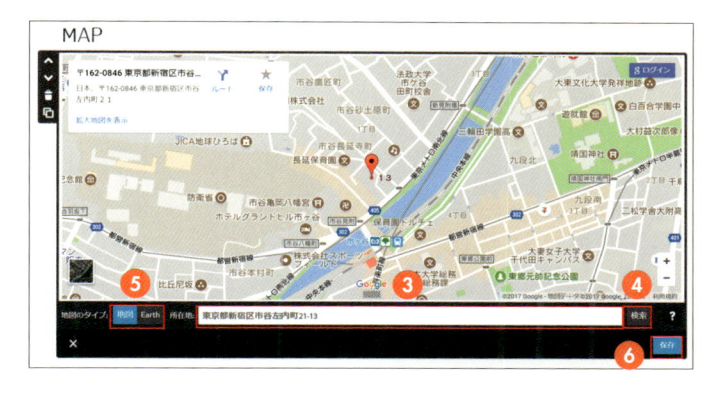

③ 「所在地」に地図を表示させたい住所を入力し、

④ [検索]をクリックするとプレビューエリアに地図が表示されます。

⑤ 地図のタイプを[地図]か[Earth]から選び、

⑥ [保存]をクリックします。

⑦ Googleマップが表示されました。

✓ MEMO

Googleマップはエリアの横幅いっぱいに表示されるので、小さく表示させたい場合は「カラム」(p.97参照)を使用して、配置を工夫してみましょう。

5

section
06

一歩上のコンテンツを追加する

Googleカレンダーを表示する

営業時間や教室のスケジュールなどを表示したい場合は、Googleカレンダーを掲載することができます。ただし、Googleカレンダーの利用にはGoogleアカウントの取得が必要です。

○ Googleカレンダーを追加する

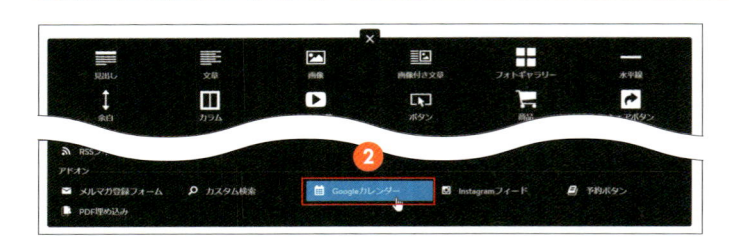

❶ 編集画面でコンテンツを追加して［その他のコンテンツ＆アドオン］をクリックし、

❷ ［Googleカレンダー］を選択します。

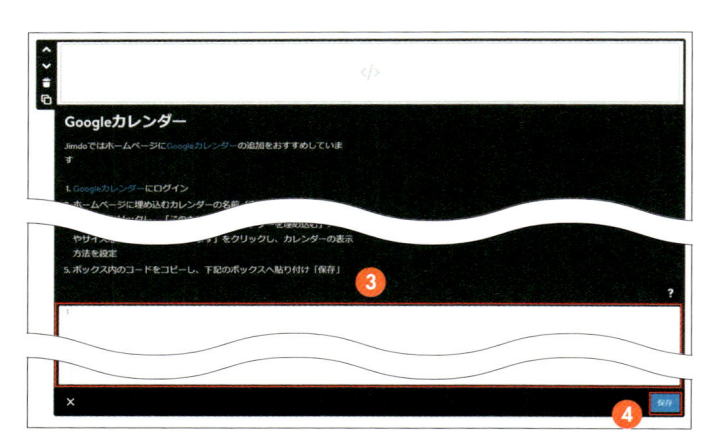

❸ 設定ツールが表示されるので、Googleカレンダー埋め込み用のコード（取得方法はp.121参照）をコピーし、コード登録エリアに貼り付けます。

❹ ［保存］をクリックします。

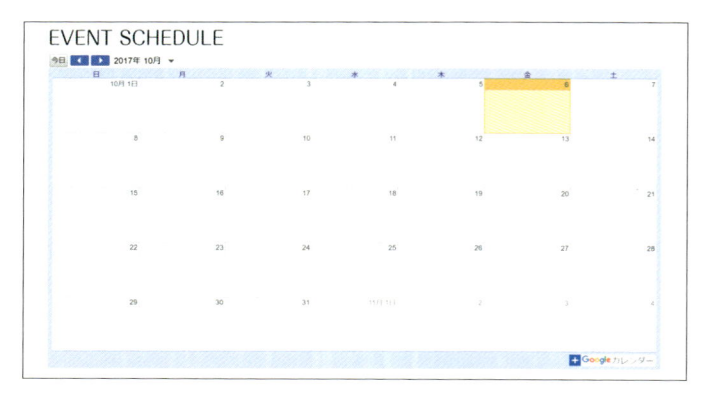

❺ Googleカレンダーが表示されます。

✓MEMO

GoogleカレンダーはGoogleが独自に提供しているサービスで、Jimdoのサービスではありません。Googleアカウントの取得方法やカレンダーの使い方は、Googleのヘルプで確認してください。

Googleカレンダー埋め込み用コードの取得手順

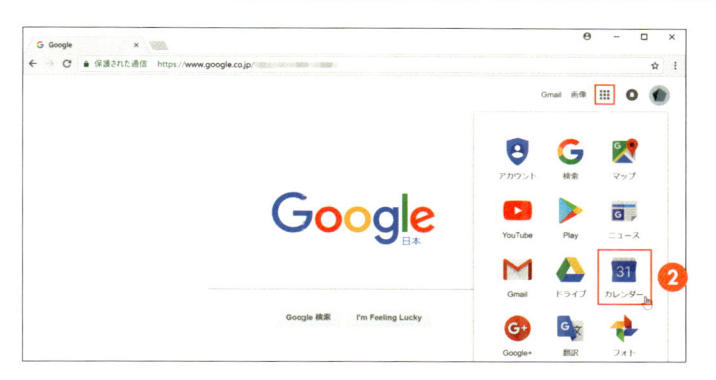

1. ブラウザーから Google アカウントにログインし、

2. Google アプリの一覧で[カレンダー]をクリックします。

✓MEMO

Google アカウントを持っていない場合は、まず Google アカウントを取得してください。

3. 画面左側のメニューで[他のカレンダーを追加] + をクリックし、

4. [新しいカレンダー]をクリックします。

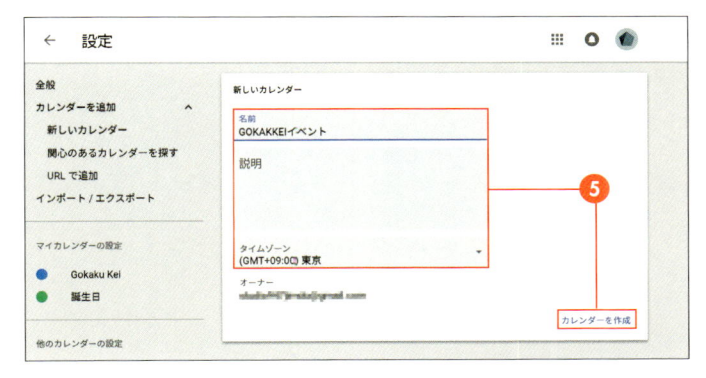

5. カレンダーの名前やタイムゾーンを設定し、[カレンダーを作成]をクリックします。

6. 画面左側のメニューに作成したカレンダー(例では「GOKAKKEIイベント」)が追加されるので、カレンダー名をクリックします。

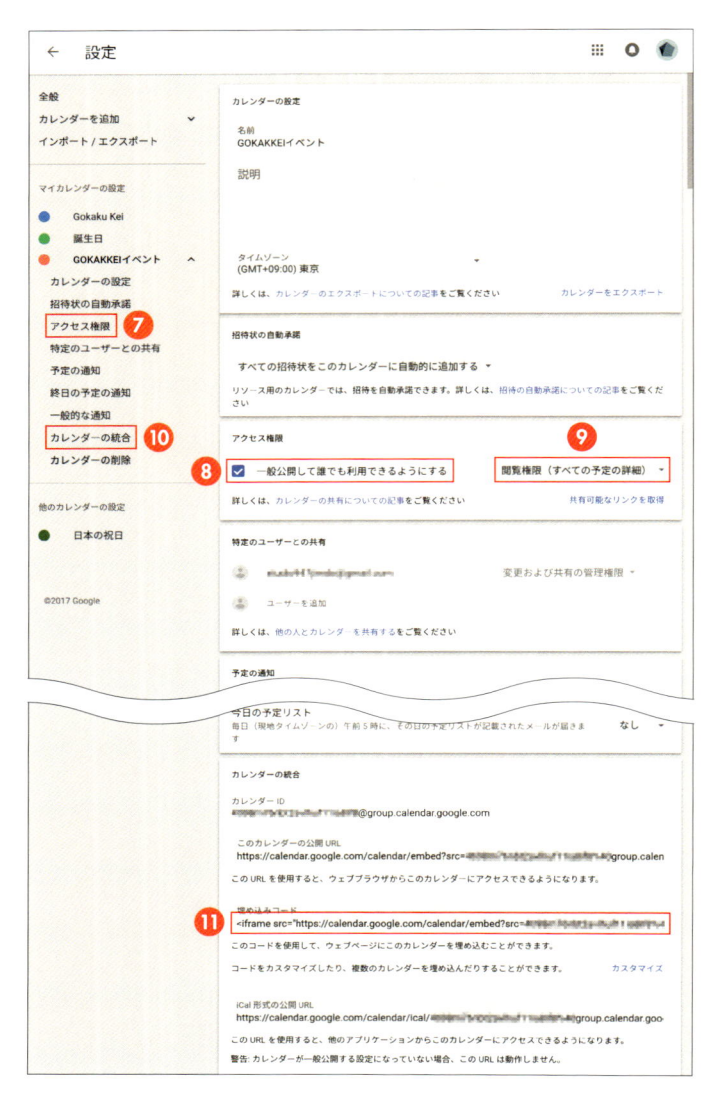

7 選択したカレンダーの設定画面になるので、「アクセス権限」項目に進み、

8 [一般公開して誰でも利用できるようにする]をクリックしてオンにし、

9 オプションを設定します。

10 「カレンダーの統合」に移動し、

11 「埋め込みコード」欄のコードを選択し、コピーします。

12 コピーしたコードを、p.120 手順3のコードエリアに貼り付けます。

✓ MEMO

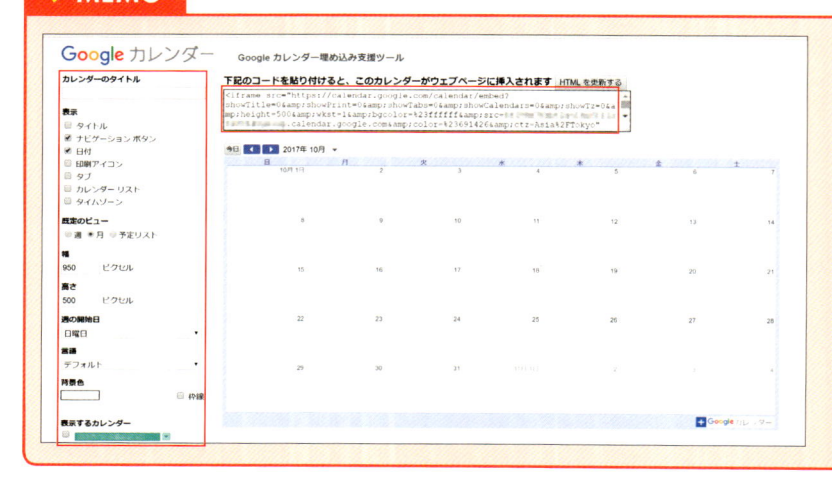

カレンダーのサイズや表示項目を変更したい場合は、上記手順11の「埋め込みコード」欄下にある[カスタマイズ]をクリックします。別ウィンドウ（タブ）で設定画面が開くので、好みの設定にして「下記のコードを貼り付けると、このカレンダーがウェブページに挿入されます」欄のコードをコピーして、利用してください。

「検索する」とは？

よく「インターネットで検索する」と言いますが、インターネット上に何か公式の検索機能が存在するわけではありません。いくつかの会社が検索サービスを提供していて、私たちが「インターネットで検索する」ときはそれらのサービスを使用しています。

有名な Google は、この検索サービスのひとつです。Google のホームページ (https://www.google.com) にアクセスして、そこで検索キーワードを入力すれば、Google の検索機能を利用することができます。Yahoo! (https://www.yahoo.co.jp) や、Bing(https://www.bing.com) 等を利用している人もいるでしょう。別々のサービスなので、同じキーワードで検索しても検索結果は少しずつ異なります。

ブラウザのアドレスバーに検索キーワードを入力して Enter キーを押すと検索する方法がありますが、これも、ブラウザ自体に検索機能が備わっているわけではなく、検索サービスのどれかを使用するようになっています。この時にどの検索サービスを使用するかは、ブラウザの設定で指定できます。

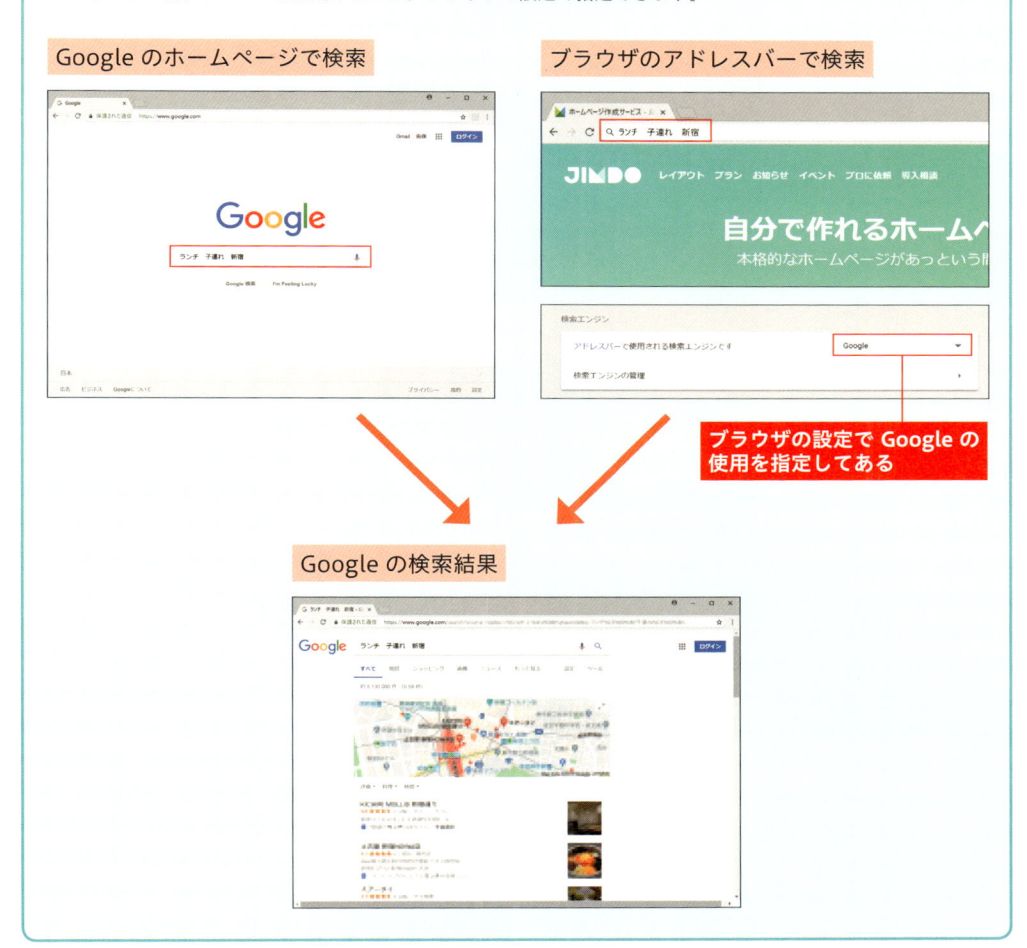

Google のホームページで検索

ブラウザのアドレスバーで検索

ブラウザの設定で Google の
使用を指定してある

Google の検索結果

5

5

section
07

一歩上のコンテンツを追加する

フォームを設置する

お問い合わせなどを受け付けるオンラインフォームをとても簡単なステップで設置することができます。JimdoPro 以上のプランの場合、フォームから送られたメッセージを一覧できる管理機能もあるのでとても便利です。

● フォームを追加し受信用メールアドレスを設定する

フォームを追加して、まずは受信用のメールアドレスを設定しましょう。

❶ 編集画面でコンテンツを追加して［その他のコンテンツ＆アドオン］をクリックし、

❷ ［フォーム］をクリックします。

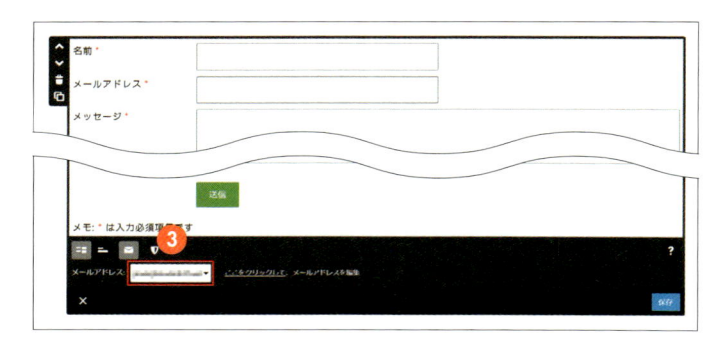

❸ 設定ツールの「メールアドレス」欄のアドレスを確認します。フォームに送られたメッセージはこのアドレスにメールとして届きます。

✓ MEMO

受信用のメールアドレスは Jimdo アカウントに登録しているメールアドレスから選べます。Jimdo アカウントには複数のメールアドレスを登録しておくことができるので、追加する場合は、［ダッシュボード］の［プロフィール］編集で設定してください。手順❸のメールアドレス欄右側の［ここをクリックして］をクリックすると、直接ダッシュボードに移動することができます。

✓ MEMO

本書の図では表示されていませんが、現在は送信ボタンの上にプライバシーポリシーへの同意を求めるチェックボックスが追加されています。プライバシーポリシーは、管理メニューで［基本設定］→［プライバシー・セキュリティ］→［プライバシーポリシー］で編集できるので、記載内容を確認しましょう。

◯ フォーム項目の追加、削除、編集

フォームを追加するといくつかの項目があらかじめ設置されるので、不要な項目を削除して必要な項目を追加します。各項目は、詳細情報を編集して設定します。

1 項目の削除、コピー、移動

フォームの項目にマウスポインターを合わせると右側にアイコンが表示され、削除🗑、コピー🗐、ドラッグ✛で移動ができます。

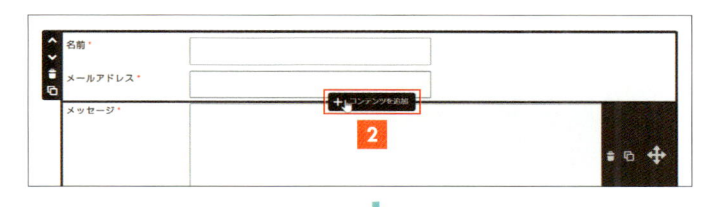

2 項目の追加

フォームの項目と項目の間にマウスポインターを合わせると、[コンテンツを追加]が表示されます。クリックして一覧を表示し、追加したい項目をクリックします。

✓MEMO

各フォーム項目の特徴はp.126で紹介します。

3 項目の設定

各項目をクリックすると、設定ツールが表示されます。[必須項目]にするかどうかを設定できるほか、項目ごとに設定する内容があるので、編集して[保存]をクリックします。

✓MEMO

項目を設定し終えたら、設定ツール最下部の[保存]をクリックします。

5

● フォームのさまざまな項目

フォームに追加できる項目は様々です。適切に選んで設定しておけば、ユーザーが誤入力をした際に適切なエラーが表示されるようになります。

各項目が実際にどのようにフォームで表示されるのかを確認しながら、各項目を説明します。

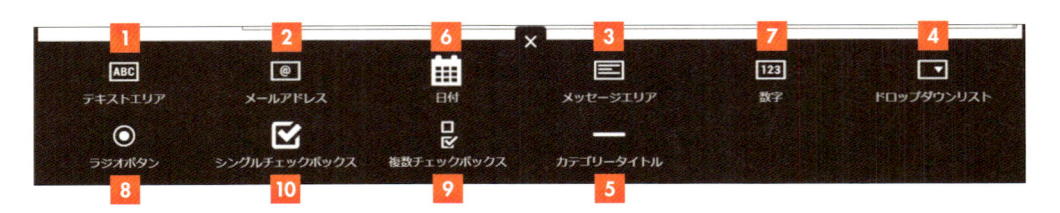

CONTACT

名前 *	[ ] **1**
メールアドレス *	[ ] **2**
お問い合わせ内容 *	**3** [ ]
職種 *	ディレクター ▼ **4**

見学希望の場合以下の設問にお答えください。 **5**

見学希望日	年 /月/日 **6**
見学人数	0 ⬍ **7**
見学目的	◯ 利用の検討　◯ 施設運営の参考　◯ 取材 **8**
興味のある内容	☐ 内装　☐ 机やいす　☐ 利用可能な設備　☐ カフェメニュー　☐ 周辺環境 **9**

ページ下部に記載の注意事項をご確認ください。

注意事項を確認した	☐ **10**

[送信]

メモ: * は入力必須項目です

注意事項

このフォームで送られた内容は、GOKAKKEIスタッフが確認しお返事します。3営業日以内に返事のない場合、メールアドレスの記載間違いが考えられますので、再度お問い合わせください。迷惑メールフィルター対策のため、携帯電話会社以外のメールアドレスをご利用ください。

✓MEMO

フォームに「注意事項をご確認ください。」という設問を作りましたが、フォーム内には長い文章を記載できません。この例ではフォームより下の位置に通常のコンテンツを追加して注意事項を表記しています。

1 テキストエリア

一般的な文字列に使います。

2 メールアドレス

メールアドレスにのみ使います。メールアドレスではない文字列を送信しようとするとエラーが出ます。

3 メッセージエリア

複数行にわたる長文に使います。

4 ドロップダウンリスト

ドロップダウンメニューから回答を選択させます。選択肢は自由に編集できます。

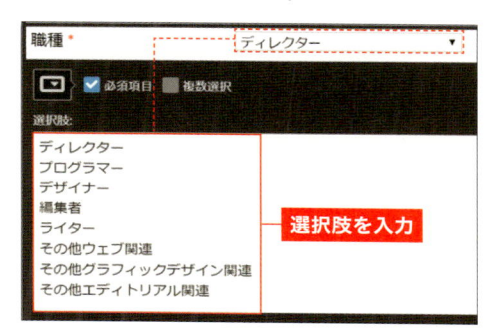

5 カテゴリータイトル

見出しなどのテキスト表示に使います。ユーザーの入力項目ではありません。

6 日付

カレンダーから日付を選択できるようになります。

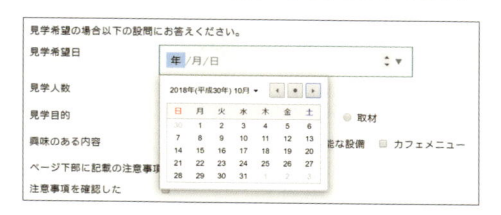

7 数字

数字を上下ボタンで選べるようになります。上限の数字を決められます。

8 ラジオボタン

複数の選択肢からひとつだけ選択させます。選択肢は自由に編集できます。

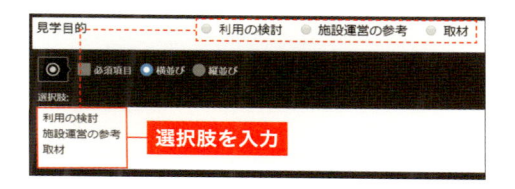

9 複数チェックボックス

複数の選択肢からひとつ以上の回答を選択させます。選択肢は自由に編集できます。

10 シングルチェックボックス

規約への同意などに使える単一のチェックボックスです。これを必須項目にすると、ユーザーがチェックせずに送信しようとした際にエラーが出ます。

○ その他の設定をする

フォーム設定ツールの下部にはいくつかの設定項目があります。忘れずに確認しましょう。

❶ ［スパム防止］ ▽ をクリックしてオンにすると、

❷ 迷惑メッセージを防ぐための「reCAPTCHA」という機能が追加されます。人が送信していると判断するために、ユーザーに画像内に見える文字を入力させるものです。

③ 項目名と入力フィールドの配置を、[説明を左に表示する] ☰ と [説明を上に表示する] ☰ の２つから選べます。

説明を左に表示する

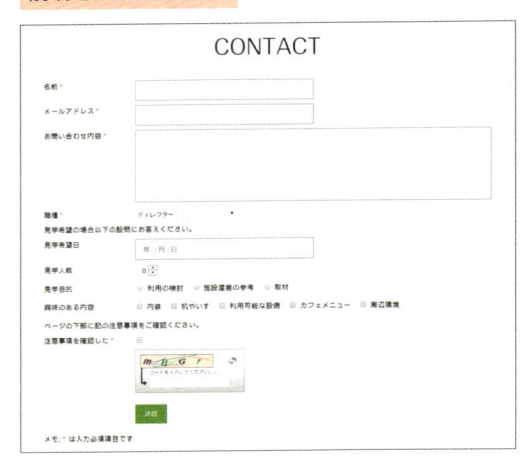

説明を上に表示する

④ [フォーム送信後に表示するメッセージ] ☐ をクリックすると、ユーザーがメッセージを送信した後に画面に表示されるメッセージを編集できます。

送信後に表示される画面

CONTACT

お問い合わせを受け付けました。
3営業日以内にお返事を差し上げます。

注意事項

このフォームで送られた内容は、GOKAKKEIスタッフが確認しお返事します。3営業日以内に返事のない場合、メールアドレスの記載間違いが考えられますので、再度お問い合わせください。迷惑メールフィルター対策のため、携帯電話会社以外のメールアドレスをご利用

✓MEMO

ここで表示させるテキストには [文章] などと同様に書式を設定できます。

✓POINT

フォームを設置したら、必ず送信テストをしてください。フォームから送信されたメッセージは、P.124手順③で設定したメールアドレスに届きます。メールの差出人は「JimdoTeam」(no-reply@jimdo.jp)、件名は「新しいメッセージ https://XXX.XXX.XXX」(「XXX.XXX.XXX」はホームページのURL)なので、迷惑メールフィルター等の影響を受けないようにしておきましょう。

フォーム経由でのメッセージをメールの受信だけで管理するのは、数が増えてくるとやや煩雑です。JimdoPro以上のプランの場合、フォームからのメッセージを管理画面から一覧できる機能があり、便利です。メールの見落とし防止や受信履歴の確認などに活用できます。

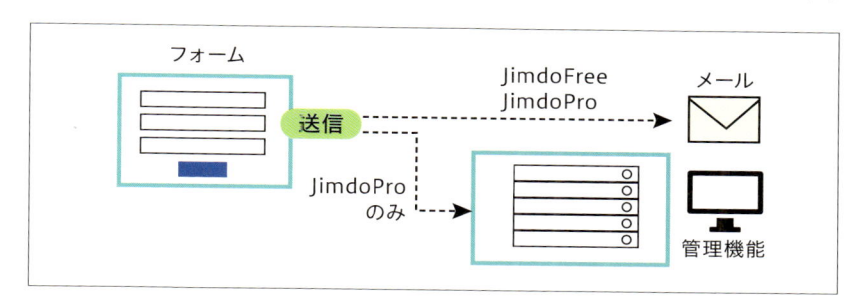

フォームアーカイブは[管理メニュー]から[基本設定]→[フォームアーカイブ]の順にクリックすると表示されます。

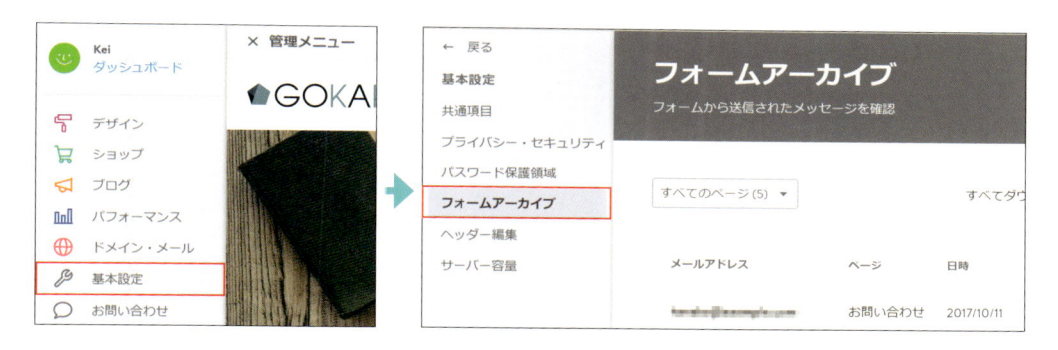

フォームアーカイブにはメッセージの一覧が表示され、クリックすると内容が表示されます。すべてのメッセージの送信内容をCSV形式でダウンロードできます。

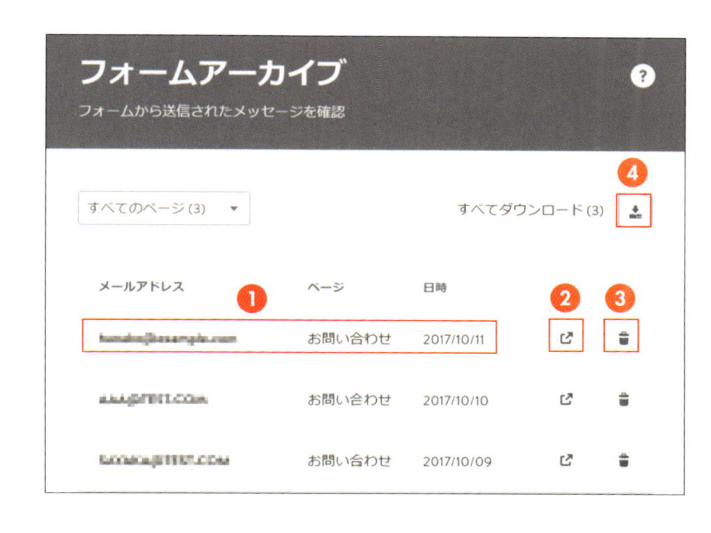

❶ クリックで送信内容を表示

❷ 送信元フォームを表示

❸ 削除

❹ CSVファイルダウンロード

✓ MEMO

CSV形式はカンマ区切りのテキストファイルですが、Microsoft Excelなどの表計算アプリケーションで開くと表形式で表示されます。

5 section 08 ブログ機能を知る

一歩上のコンテンツを追加する

ブログ機能は、純粋なブログとしてだけでなく、工夫すると「お知らせ」など更新型の記事管理ツールとして使用することができます。ここでは、ブログ機能の概要と、ブログを「お知らせ」として使用するアイディアをご紹介します。

○ ブログを開設して記事を書く

ブログは初期状態では開設されていません。ブログ機能を有効にし、最初の記事を投稿します。

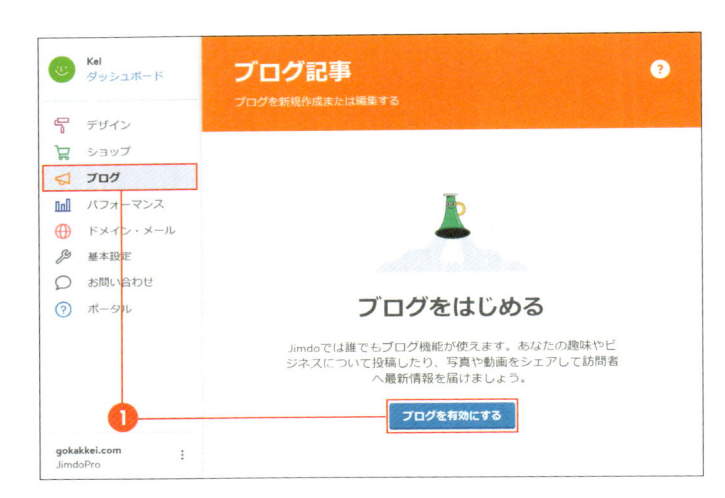

1 [管理メニュー]から[ブログ]→[ブログを有効にする]の順にクリックします。

2 ブログが生成され、ブログ管理メニューが表示され、[記事]が選ばれています。

3 [新しいブログを書く]をクリックすると、記事の追加編集画面になります。

✓MEMO

左側のメニューからブログ全体の設定ができます。詳しくはp.132で紹介しますが、記事を追加する前に設定しても構いません。

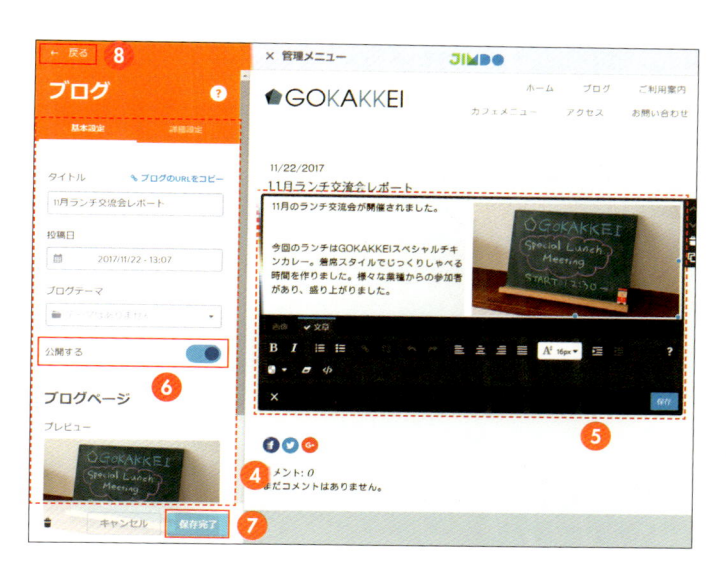

④ 左側の[基本設定]と[詳細設定]でタイトルや見出し用画像などを設定し、

⑤ 編集エリアでコンテンツを追加して記事を作成します。例では「画像付き文章」を追加しています。

⑥「公開する」をクリックしてオンに設定します。

⑦ [保存完了]をクリックすると記事が公開されます。

⑧ [戻る]をクリックしてブログ管理メニューに移動します。

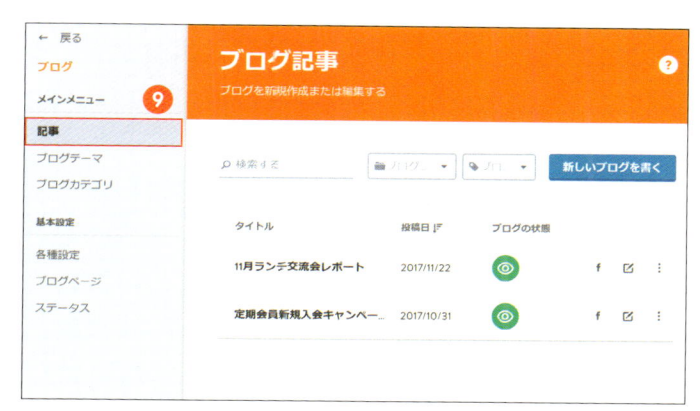

⑨ メニューの[記事]に戻ると、登録済みの記事が一覧できます。記事の追加や削除、編集はここから行います。例は、記事が2件登録された状態です。

✓ MEMO

手順⑥で「公開する」をオフにするか、手順⑨で 👁 をクリックして 🚫 にすると、記事は非公開になり下書きの状態になります。

○ ナビゲーションを変更する

ブログとしてではなく、他の用途にする場合は、ナビゲーション名を変更します。

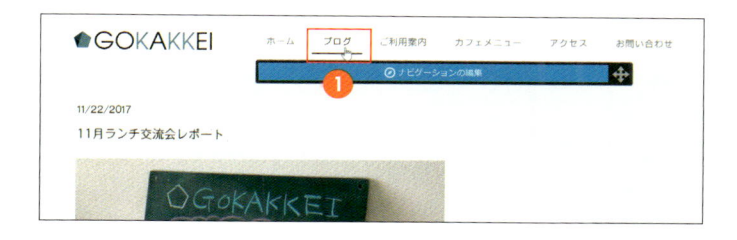

① 編集画面に移動すると、ナビゲーションに「ブログ」が追加され、「ブログ」のトップページには作成した記事が一覧になっているのがわかります。

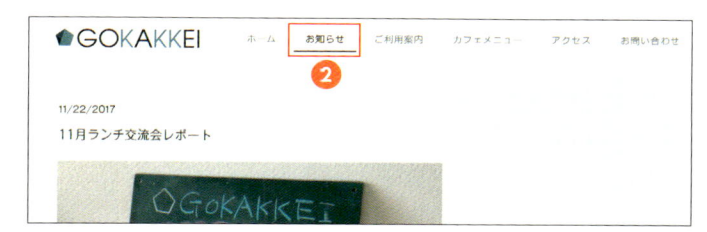

② ナビゲーション名を編集し(p.64参照)、「お知らせ」という名称に変更すれば、「お知らせ」ページとして活用することができます。

◯ ブログの各種設定をする

[管理メニュー]→[ブログ]で表示されるブログ管理用のメニューで、ブログ全体に関わる設定ができます。

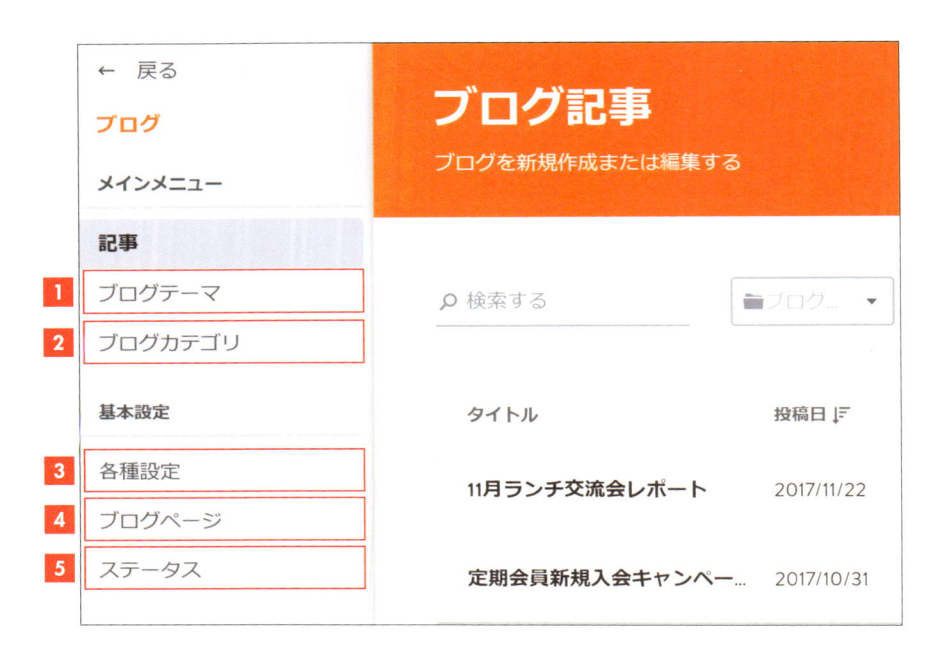

1 ブログテーマ
記事をテーマ別に分類するための「ブログテーマ」を管理します。ブログの第2階層メニューのように表示されるので、例えば、「キャンペーン」と「イベント」に分けて表示させることができます。

2 ブログカテゴリ
記事ごとにキーワードのように登録できる「カテゴリ」を管理します。

3 各種設定
ブログの表示項目、コメントやシェアボタンの有無などを設定できます。

4 ブログページ
ブログのレイアウトを選択できます。

5 ステータス
ブログの有効／無効を選べます。ブログを無効にするとブログ全体がユーザーからは見えなくなりますが、記事の更新などの管理はできます。

〇 「ホーム」にブログの一部を表示させる

「ホーム」など、ブログとは別のページにブログの最新記事を表示することができます。記事一覧を表示させたい時などに便利です。

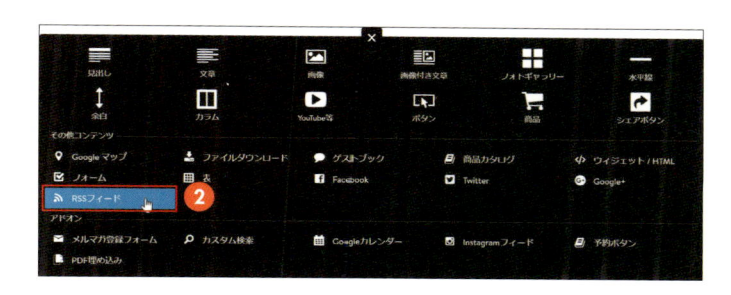

❶ 「ホーム」の編集画面で、ブログの最新記事を追加したい場所にコンテンツを追加します。

❷ ［その他のコンテンツ＆アドオン］をクリックし、［RSSフィード］をクリックします。

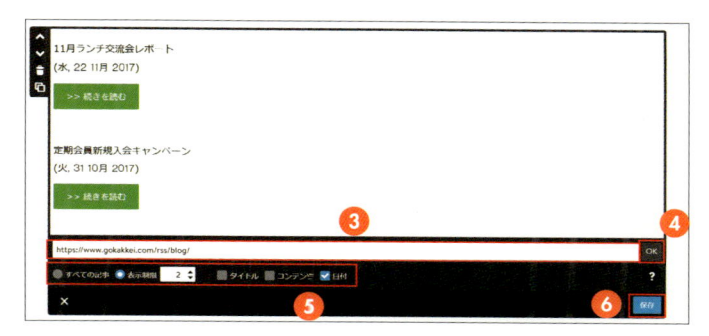

❸ 設定ツールの「RSSのリンクを入力」フィールドにブログのRSSリンクを入力します。Jimdoのブログでは「ホームページのURL/rss/blog/」となり、ホームページURLが「https://www.gokakkei.com/」の場合は「https://www.gokakkei.com/rss/blog/」がRSSのリンクです。

❹ ［OK］をクリックするとプレビューが表示されるので、

❺ 表示項目を設定してふたたび［OK］でプレビューし、

❻ ［保存］をクリックします。

❼ 「ホーム」の一部にブログのRSSフィードが表示されます。「続きを読む」をクリックすると、ブログの記事に移動できます。

✓MEMO

日付の体裁は、日本語だと違和感がありますが、変更することができません。

✓MEMO

この「RSSフィード」コンテンツには、Jimdoのブログではなく外部ブログのRSSを読み込むこともできます。外部ブログを利用している場合、そのブログサービスのRSSデータがどこにあるかを調べて、「RSSのリンクを入力」フィールドに入力してください。

ショップ機能を知る

Jimdoには、標準的にショップ機能が備えられています。簡単なステップでショップを開設できますが、販売は手間のかかることなので、実際の運営体制を十分整えましょう。ここではショップ機能の概要をご紹介します。

○ ショップの基本機能

JimdoではJimdoFreeからでもショップ機能を利用できますが、JimdoPro以上のプランならば、扱える商品点数や決済方法の選択肢が多いなどのメリットがあります。

取り扱い商品点数

JimdoProでは商品点数を15点まで扱えます。

- ▶ **JimdoFree：商品5点まで**
- ▶ **JimdoPro：商品15点まで**
- ▶ **JimdoBusiness：商品無制限**

決済方法

JimdoProでは、設定できる決済手段の選択肢が豊富です。カード決済は、StripeとPayPalで行えます。手数料や利用の制限事項、使い勝手などがそれぞれ違うので、よく確認して選びましょう。

- ▶ **JimdoFree：PayPalのみ**
- ▶ **JimdoPro：Stripe、PayPal、請求書発行、銀行振り込み、代金引換、メールによる確認連絡**
- ▶ **JimdoBusiness：JimdoProに同じ**

✔MEMO

StripeとPayPalの違いや利用方法は、Jimdoのサポートページに詳しく掲載されているので参照してください。

- ▶ **https://jp-help.jimdo.com/shop/basic-setting/stripe/**
- ▶ **https://jp-help.jimdo.com/shop/basic-setting/paypal/**

○ 販売商品を追加する

編集画面でコンテンツを追加し、［商品］をクリックします。設定ツールが表示されるので、商品の情報を登録します。

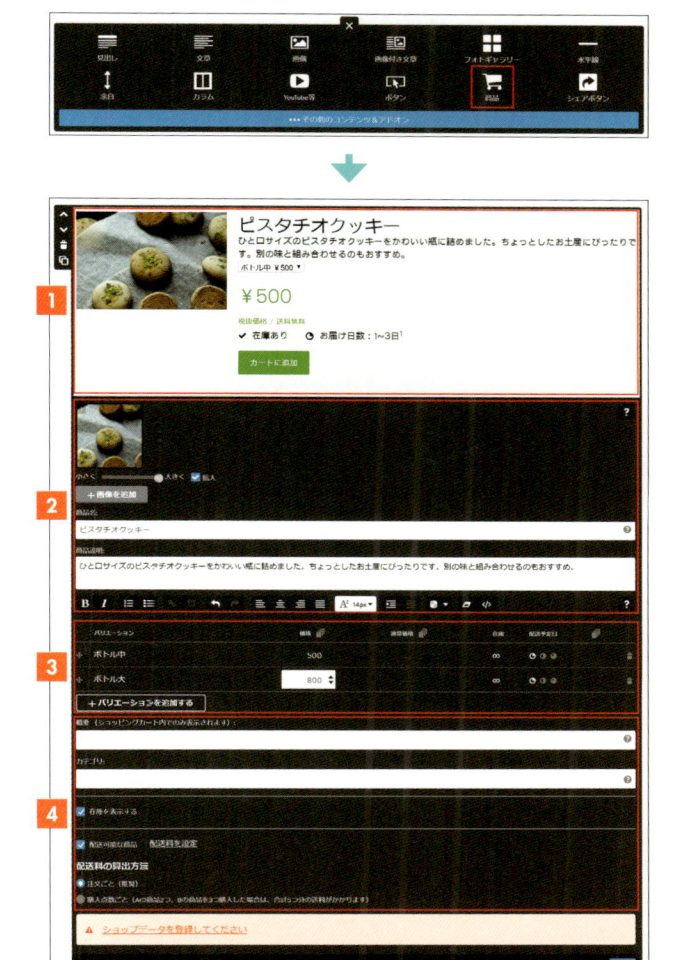

1 表示プレビュー
登録した内容がどのように表示されるかがわかります。

2 商品基本情報
商品の画像、商品名、商品説明を登録します。

3 商品バリエーション
サイズや色など商品のバリエーションがある場合は、複数登録できます。

4 オプション情報
配送料などの設定を登録できます。

> **✓MEMO**
>
> 商品の一覧を表示したい場合は、［商品カタログ］コンテンツを利用します。編集画面でコンテンツを追加して［その他のコンテンツ＆アドオン］をクリックし、［商品カタログ］をクリックすると設定できます。

ショップに関する各種設定

［管理メニュー］→［ショップ］で表示されるショップ管理用のメニューで、ショップに関わる各種設定ができます。

1 注文リスト・完了リスト・商品リスト

注文と在庫の管理をします。

2 基本設定・支払い方法・配送料

ショップの基本情報を設定します。設定項目を十分に確認し内容を把握しながら設定しましょう。

3 利用規約／その他条件

規約などの記載内容を設定できます。「特定商取引法に基づく表記」は表記が義務づけられていますが、記載する箇所がないので、「利用規約」に追記するのが便利です。

4 メールとメッセージ

注文完了メール、発送完了メールや、注文完了画面の本文を設定できます。注文者の「姓」「名」「注文番号」などを文中に表示させる設定もできます。

5 注文フォーム

ユーザーに注文時に記入を求める項目を設定します。

6 注文完了ページ

注文完了ページの編集ができます。

✓MEMO

ショップ運営の際は、必ず注文テストをし、商品の登録内容、注文のステップ、注文画面のメッセージ、受け取るメールの内容などに不自然な箇所や失礼な箇所がないかをチェックするようにしてください。少しの間違いがユーザーを不安にさせ、信用を失うきっかけになる可能性があるので注意しましょう。
本書ではショップの開設と運営については概要のみの説明ですが、Jimdoのサポート（https://jp-help.jimdo.com/shop/）に丁寧な説明があるので必要に応じて参照してください。

Chapter 6

SEOやソーシャル連携を
利用する

作ったホームページを多くの人に見てもらえるように、検索エ
ンジンへの対策やSNSと連携する機能を解説します。

6

section 01

シェアボタンをまとめて設置する

ホームページを見た人が、このページを他の人に知らせたり共有したいと思った時に、SNSのシェアボタンが設定されていると便利です。Jimdoは TwitterやFacebookなど、様々なサービスのシェアボタンを簡単に設置することができます。

● シェアボタンを追加する

1 編集画面でコンテンツを追加し、

2 [シェアボタン]をクリックします。

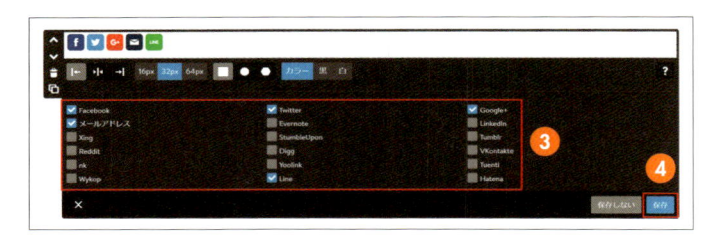

3 設定ツールで設置したいシェアボタンのサービス名にチェックを入れ、

4 [保存]をクリックします。

5 ボタンが設置されます。設置された各サービスのボタンをクリックすると、SNSでそのページを共有するための画面が開きます。

✓ MEMO

「メールアドレス」ボタンの場合、クリックすると、ユーザーのメールアプリケーションが起動し、メールの作成画面に URL が表示されます。

シェアボタンの設定

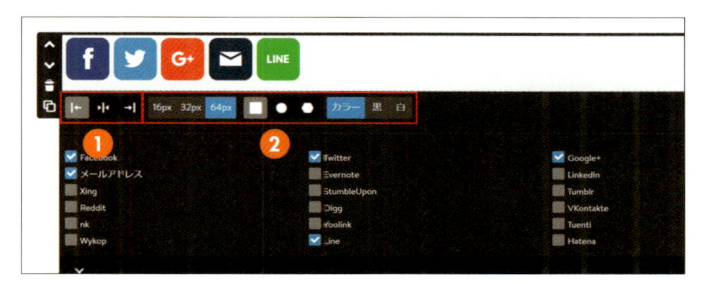

① p.138 手順❸の設定ツールでは、シェアボタンの配置を変更できます。

② 同様に、ボタンのサイズ、形、色を変更できます。好みのデザインに変更したら［保存］をクリックします。

✓MEMO

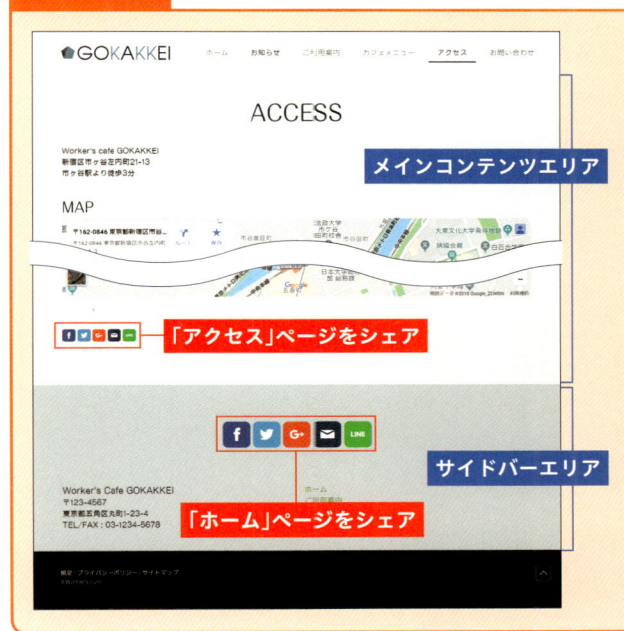

シェアボタンをサイドバーに設置すると、1回の作業で全てのページに設置できるので便利です。ただし、サイドバーのシェアボタンは、常にホームページのトップページである「ホーム」をシェアします。各ページのURLをシェアするボタンを設置したい場合は、メインコンテンツエリアに設置しましょう。

✓POINT

SNSでページをシェアしたときに表示される記事情報には、各ページごとに設定した「ページタイトル」「ページ概要」が使用されます。これらの情報は、管理メニューから［パフォーマンス］→［SEO］をクリックして設定できます（p.146参照）。

Facebookのボタンを設置する

有名なSNSサービスのひとつであるFacebookの「いいね！」ボタンを簡単に設置したり、会社やショップのFacebookページの情報をホームページに埋め込むことができます。

◎ 「いいね!」ボタンを設定する

いいね！ボタンをFacebookユーザーがクリックすると、いいね！したという情報がFacebookユーザー間で共有されます。より多くの人にホームページを知ってもらう可能性が高まります。

❶ 編集画面でコンテンツを追加して［その他のコンテンツ＆アドオン］をクリックし、

❷ ［Facebook］をクリックします。

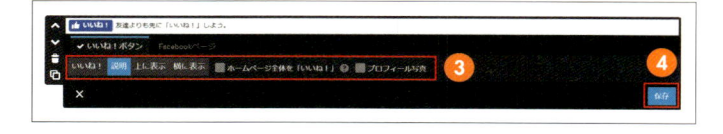

❸ 設定ツールで「いいね！」ボタンの表示タイプとオプションを選択し、

❹ ［保存］をクリックします。

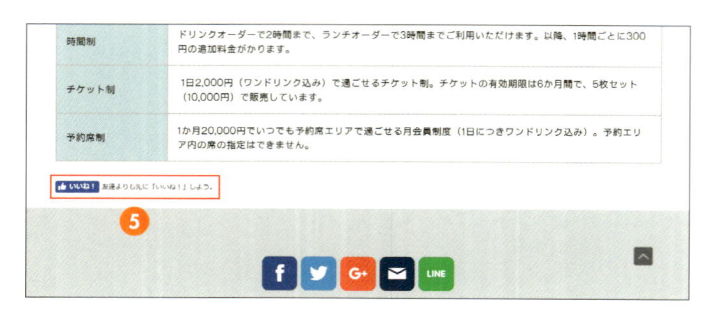

❺ 「いいね！」ボタンが追加されます。

✓**MEMO**

設定のオプションで「ホームページ全体を『いいね！』」にチェックを入れると、ボタンの設置場所に関わらずトップページを「いいね！」するボタンになります。「プロフィール写真」にチェックを入れると、「いいね！」をした人のFacebookアイコンがボタンの近くに表示されます。

● Facebookページの情報を埋め込む

Facebookを利用し、すでにビジネス目的でFacebookページを開設している場合、ホームページに情報を埋め込むことができます。

1 p.140を参考に設定ツールを表示して、

2 [Facebookページ]をクリックします。

3 FacebookページのURLを入力します。

4 「ページカバー」、「ストリーム」、「プロフィール写真」の表示・非表示を設定し、

5 [保 存]を ク リ ッ ク す る と、Facebookページの情報が表示されます。

6

✓MEMO

Facebookページの詳細についてはFacebookの情報を参照してください。

▶「Facebookページの設定」
https://www.facebook.com/business/learn/set-up-facebook-page

✓POINT

2列のカラムの例

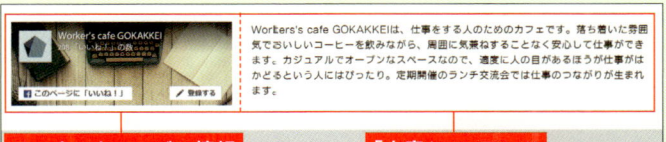

Facebookページの情報は、パソコンの画面で見ると右側に大きな余白が出来てしまいます。この場合、「カラム」を使用すると(p.97参照)、他のコンテンツを隣に配置できるので、バランスを取りやすくなります。

✓MEMO

2018年5月25日より、「いいね！ボタン」と「Facebookページ」を設置をした箇所には、[Facebookに接続する]ボタン **Facebook に接続する** が表示されるようになりました。ユーザーが接続ボタンをクリックすると設定通りに表示されます。

6

section 03

Twitterボタンを設置する

お店やサービス運営用のTwitterのアカウントを持っている場合、フォローボタンを設置すると、ユーザーとつながるチャンスが増えます。Twitterのタイムラインを表示させることもできます。

◯ Twitterのフォローボタンを表示する

1 編集画面でコンテンツを追加して[その他のコンテンツ&アドオン]をクリックし、

2 [Twitter]をクリックします。

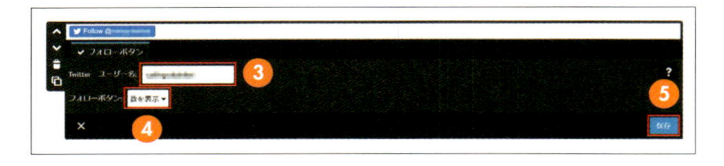

3 設定ツールで「Twitterユーザー名」のフィールドにフォローさせたいユーザー名を入力し、

4 フォローボタンの種類を選択して、

5 [保存]をクリックします。

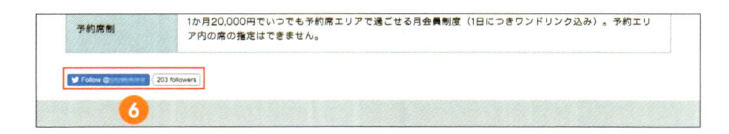

6 Twitterのフォローボタンが表示されます。

✓POINT

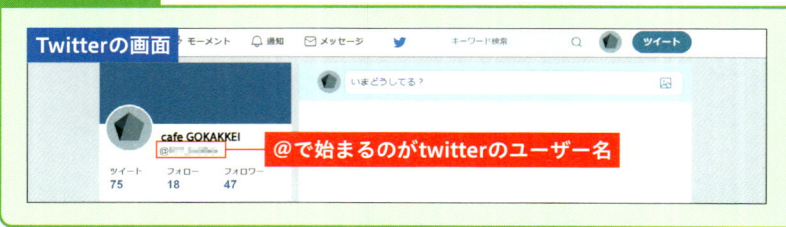

@で始まるのがtwitterのユーザー名

Twitterのユーザー名は「@」で始まりますが、設定ツールで登録する時は「@」を入力しないでください。

✓MEMO

2018年5月25日より、Twitterの「フォローボタン」を設置した箇所には、[Twitterに接続する]ボタン ▼ Twitterに接続する が表示されるようになりました。ユーザーが接続ボタンをクリックすると設定通りに表示されます。

○ Twitterのタイムラインを埋め込む

Jimdoでは、Twitterアカウントのタイムラインをホームページに埋め込むことができます。ただし、Jimdo側で簡単なツールを提供しているわけではないので、Twitter側の機能でウィジェットを作成しコードを取得する必要があります。Jimdoでは「ウィジェット/HTML」コンテンツを追加してコードを登録します。

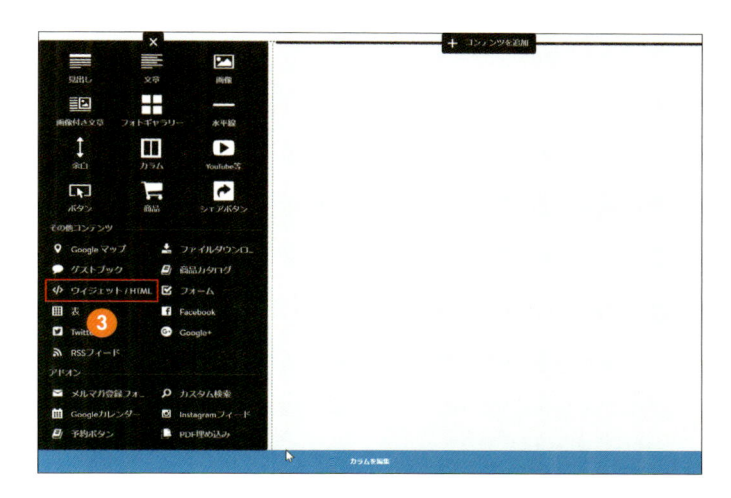

1 Twitterのタイムラインを画面左側に掲載することを想定し、編集画面で2列のカラムを追加してサイズを調整しておきます。

2 左側のカラムにコンテンツを追加して[その他のコンテンツ&アドオン]をクリックし、

3 「ウィジェット/HTML」を選択します。

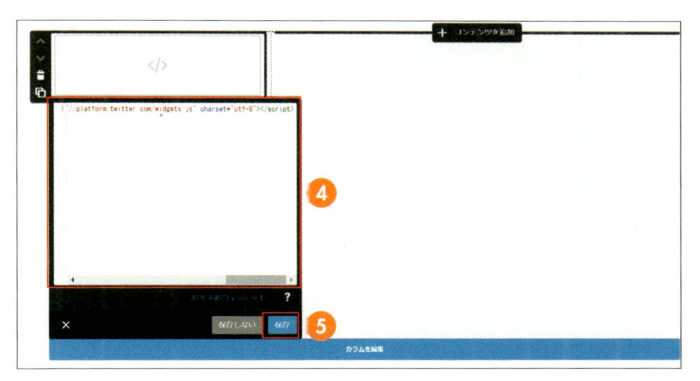

4 設定ツールのコード入力エリアに、Twitterで取得したウィジェットのコードをコピーして貼り付け、

5 [保存]をクリックします。

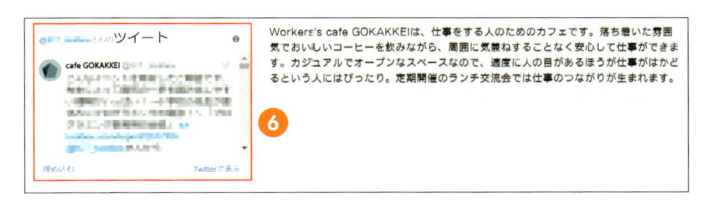

6 カラムにTwitterのタイムラインが表示されます。例では、右側のカラムに「文章」コンテンツを追加しています。

✓MEMO

Twitterのウィジェット発行は以下を参照してください。

▶「Twitterヘルプセンター：タイムラインを埋め込む方法」
https://support.twitter.com/articles/20171533

SEOやソーシャル連携を利用する

便利な機能を追加する

Jimdoのコンテンツには、これまで解説したほかにも便利な機能を追加できるコンテンツがあります。Jimdo側に備わっている機能ばかりではなく、外部サービスに登録した上でJimdo上で扱えるようにする機能もあります。

◯ 便利な機能を追加する

追加できるものは以下のとおりです。ここまでで解説していなかったものについて解説していきます。

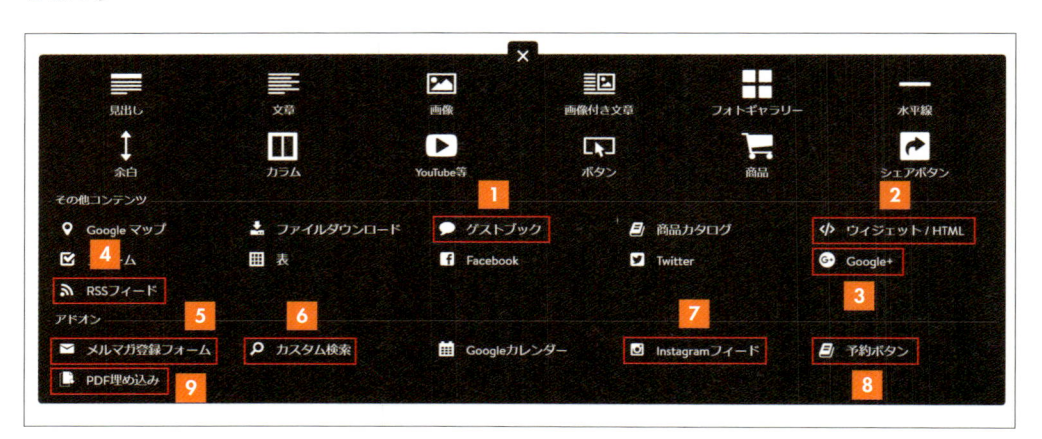

1 ゲストブック

訪問者がコメントを残せるゲストブックを設置できます。Jimdoの機能なので、簡単な操作で追加できます。

2 ウィジェット/HTML

自分でオリジナルのHTMLを書くことができます。HTMLの知識がある人には便利な機能です。また、外部サービスで提供しているウィジェットを使いたい場合、ウィジェットのコードをコピーして貼り付けることができます。

3 Google+

GoogleのSNSであるGoogle+用の「+1ボタン」「シェアボタン」「Google+バッジ」を設置することができます。

4 RSSフィード

ブログをはじめとする多くのホームページは、RSSフィールドという更新情報などのデータを持っています。RSSへのリンク（URL）を登録するだけで、その情報を掲載することができます（p.133参照）。

5 メルマガ登録フォーム

「 BENCHMARK 」（ https://www.benchmark email.com/jp/）というメール配信サービスに登録して利用することが前提の機能です。「BENCH MARK」でメール作成や配信全般を管理し、その登録フォームをJimdo側に設置することができます。手順は設定ツールに記載されています。

6 カスタム検索

Jimdoのホームページに検索機能を設置することができます。Googleの「カスタム検索」というサービスを利用することが前提の機能で、Google側でカスタム検索エンジン（https://cse.google.com/）を作成してコードを埋め込みます。使用にはGoogleアカウントが必要です。手順は設定ツールに記載されています。

7 Instagramフィード

「POWr Instagram Feed」（https://www.powr.io/plugins/instagram-feed）という外部サービスに登録して利用することが前提の機能です。写真共有アプリケーションの「Instagram」のアカウントを利用していて、プロモーションに利用したい場合、Instagramの最新投稿写真の一部を掲載することができます。手順は設定ツールに記載されています。

8 予約ボタン

「Cubic」（https://coubic.com/）という予約システムサービスに登録して利用することが前提の機能です。「Cubic」で教室やイベントなどの予約ページを作成して受付を管理し、その予約ボタンをJimdo側に設置することができます。手順は設定ツールに記載されています。

9 PDF埋め込み

Googleの「Googleドライブ」というサービスを利用することが前提の機能で、PDFをそのままホームページ上に表示させたい場合に使います。利用にはGoogleアカウントが必要です。手順は設定ツールに記載されています。

✓**MEMO**

外部サービスを利用するツールは、手順が設定ツールに記載され、必要な外部サービスにもリンクされています。

ページごとのSEO対策をする

Jimdoでは、各ページごとに独自の「ページタイトル」と「ページ概要」を設定できます。これらは検索エンジンから重視され、Google等の検索結果に実際に表示されるので、重要なSEO対策です。SNSでページがシェアされる際にも使われます。

● ホームページ全体の共通タイトルを設定する

❶ [管理メニュー]から[パフォーマンス]をクリックし、

❷ [SEO]をクリックします。

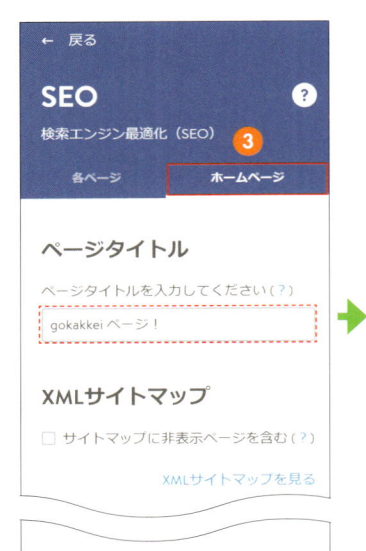

❸ 設定ツールの[ホームページ]をクリックし、

❹ 「ページタイトル」を入力し、

❺ [保存]をクリックします。

✓MEMO

SEOそのものについて知りたい場合は、p.162を参照してください。

146

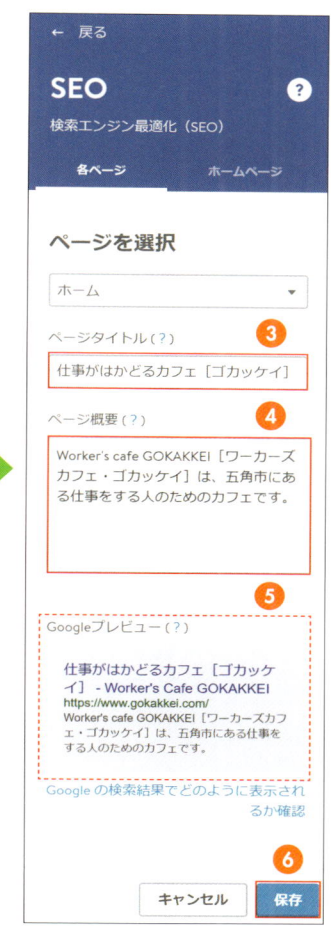

1. p.146 手順3の画面で[各ページ]をクリックします。

2. タイトルを設定するページを選択し、

3. 「ページタイトル」を入力し、

4. 「ページ概要」を入力して、

5. 「Google プレビュー」で表記を確認し調整します。

6. 入力が終了したら、[保存]をクリックします。

7. 手順2〜手順6を全てのページについて繰り返します。

✓POINT

これは JimdoPro 以上の機能です。JimdoFree では全ページ共通のタイトルしか設定できません。

✓MEMO

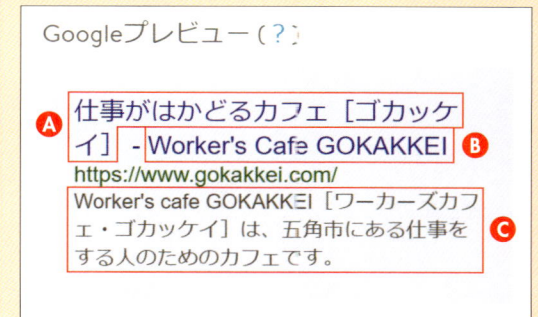

Google プレビューで確認して、タイトルや概要にふさわしい表現と長さを工夫しましょう。タイトルは、2 カ所の設定が「-」で連結して表示されます。

Ⓐ [各ページ]の「ページタイトル」
Ⓑ [ホームページ]の「ページタイトル」
Ⓒ [各ページ]の「ページ概要」

p.147の設定ツールで、[Google の検索結果でどのように表示されるか確認]をクリックすると、実際の Google の検索結果の画面で表示を確認することができます。

Google がまだこのホームページを認識していない場合は、「site:xxxxxx（ホームページのURL）に一致する情報は見つかりませんでした。」というメッセージが表示されます。

Google に登録されている場合

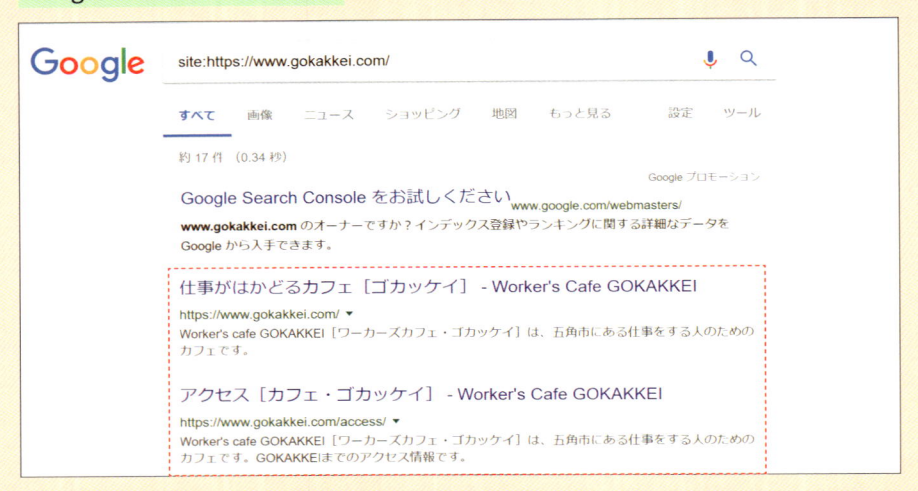

Google に登録されていない場合

Google は自動的にインターネット上を巡回して新しいホームページの情報を取得していますが、公開したばかりのホームページが Google に認識・登録されるには時間がかかります。Google サーチコンソールを利用して XML サイトマップを送信すると、より効果的に認識される可能性があります（p.160 参照）。

「ページタイトル」と「ページ概要」は、Googleの検索結果以外にも使われます。タイトルには、［各ページ］で設定した「ページタイトル」だけが採用される場合もあります。

ブラウザのタブタイトル

ブックマークのタイトル

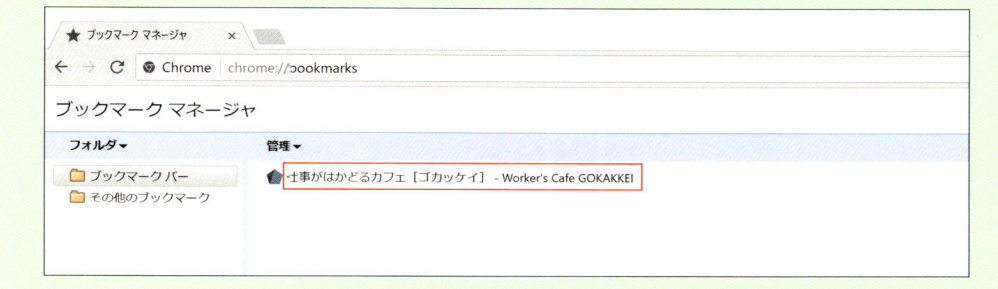

SNSのシェア情報

SEOやソーシャル連携を利用する

ページに独自のURLを設定する

Jimdoでは、「ホーム」以外のページのURLにナビゲーション名を使用します。URLの後半にナビゲーション名を使用せず、好みの文字列に変更できるのが「カスタムURL」です。この機能はJimdoPro以上のプランから利用できます。

○ JimdoのURL

例えばホームページのトップページである「ホーム」のURLが「https://www.gokakkei.com」の場合、その「アクセス」ページのURLは、「https://www.gokakkei.com/アクセス/」となります。ナビゲーション名が自動的にURLになるため、日本語がURLに入る可能性が高くなります。この「/アクセス/」の部分を自由な文字列に設定できるのがカスタムURLの機能です。

「ホーム」のURL	**https://www.gokakkei.com/**
「アクセス」のURL	**https://www.gokakkei.com/アクセス/**

ここを変更できる

✔ MEMO

Jimdoで作るホームページの「ホーム」のURLは、独自ドメインの場合「https://www.独自ドメイン名/」となり、Jimdoのサブドメインを利用している場合は「https://xxxxx.jimdofree.com」（xxxxxは登録時に決めた名称）です。独自ドメインとサブドメインの違いは、p.28を参照してください。

✔ POINT

URLに日本語が含まれていてもブラウザではそのまま正しく表示されます。ただし、URLをコピーして貼り付けた際、以下のように日本語部分が記号化されることがあります。

▶元のURL
https://www,gokakkei.com/アクセス/

▶貼り付け後
https://www.gokakkei.com/%E3%82%A2%E3%82%AF%E3%82%BB%E3%82%B9/

URLが無駄に長くなり一見して何のページだかわからなくなるので、半角英数字のURLの方がスマートな印象で好まれる傾向があります。カスタムURLを利用し、半角英数字で表記するとよいでしょう。

● カスタムURLを設定する

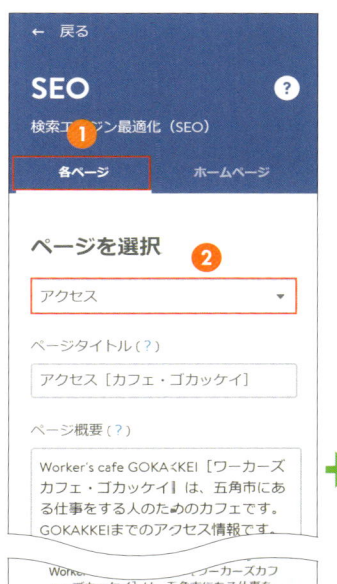
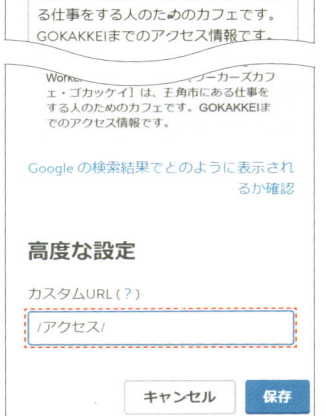

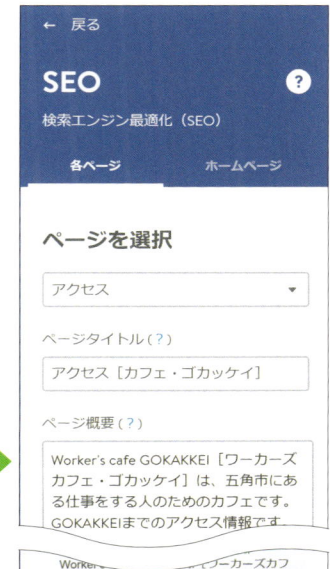
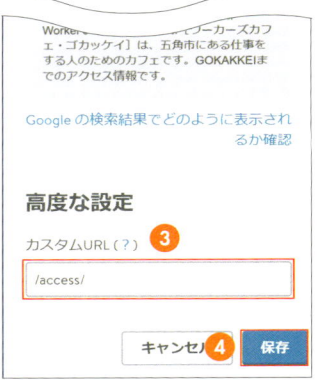

1 SEOの設定ツールを表示(p.146参照)して[各ページ]をクリックし、

2 「ホーム」以外のページ(例では「アクセス」ページ)を選択します。

3 「高度な設定：カスタムURL」の欄に好みの文字列(例では「/アクセス/」を「/access/」に変更)を入力し、

4 [保存]をクリックします。

5 手順2～手順4をほかのページについても繰り返します。

6 URLが変更されます。

6

section **07**

Jimdoの機能で アクセス解析をする

ホームページを運用し始めたら、実際にどのくらいのアクセスがあるのか実情を把握して、より多くのユーザーにホームページを見てもらう対策をするのが大切です。JimdoProでは、Jimdoのアクセス解析機能を利用できるのでとても手軽にアクセス状況を確認できます。

● アクセス解析を設定する

❶ [管理メニュー]から[パフォーマンス]をクリックし、

❷ [アクセス解析]をクリックします。

❸ 設定ツールの[アクセス解析を有効にする]をクリックし、

❹ 表示が「準備中」になったことを確認して、少し時間をおいてから再び同じ設定画面を確認します。

⑤ アクセス解析の画面が表示されます。アクセス状況を確認したいときはいつでもここでチェックすることができます。

⭕ Jimdoのアクセス解析で確認できる内容

Jimdoのアクセス解析では期間別に以下の情報を確認することができます。

1 訪問者数
ホームページへの訪問者数

2 ページビュー
ホームページのページビュー数

3 モバイルページビュー
スマートフォンなどのモバイル端末からのアクセスの割合

4 参照元
他のホームページから移動してきた場合の参照元URL

5 アクセスの多いページ
アクセスの多いページを順に示す

✓ MEMO

Jimdoのアクセス解析は、とても手軽なのでぜひ活用ましょう。ただし、ここで得られる情報は限られているので、より詳細なアクセス情報を知りたい場合は、外部サービスである「Googleアナリティクス」の利用を検討しましょう（p.154参照）。

6

---

section
08

SEOやソーシャル連携を利用する

Googleアナリティクスで アクセス解析をする

「Googleアナリティクス」という外部サービスを利用すると、Jimdoのアクセス解析より詳細な情報を見ることができます。JimdoPro以上ではJimdoとGoogleアナリティクスとの連携が簡単に設定できます。

◯ Googleアナリティクスに登録し設定する

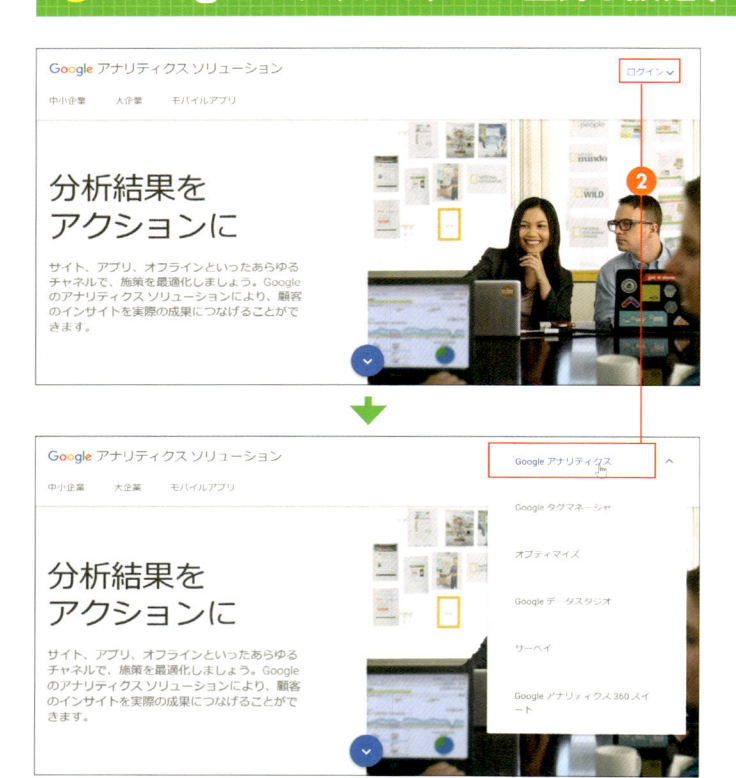

❶ Google ア ナ リ テ ィ ク ス （ https://www.google.com/ analytics/)にアクセスし、

❷ 右上の［ログイン］→[Google アナリティクス]の順にクリックします。

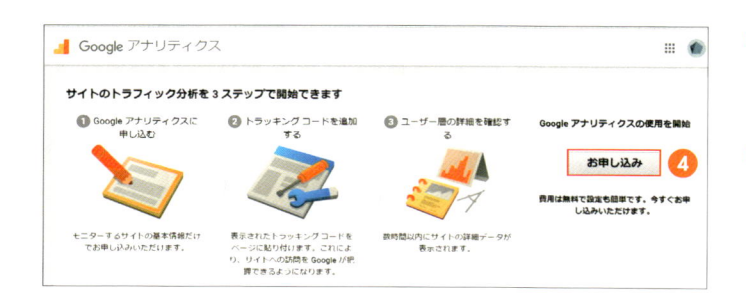

❸ Googleアカウントへのログイン画面が表示されるのでログインし、

❹ 表示されるスタート画面で[お申し込み]をクリックします。

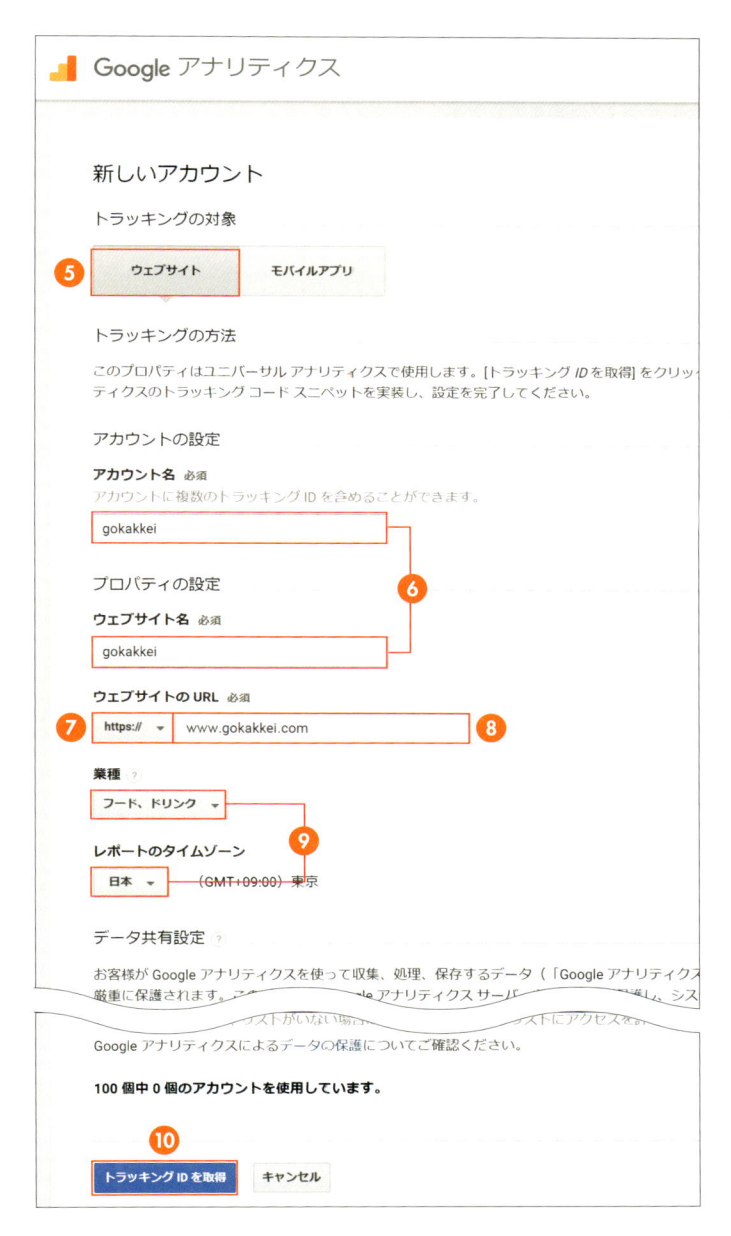

5 Googleアナリティクスの設定画面が表示されます。「トラッキングの対象」で[ウェブサイト]が選ばれていることを確認し、

6 「アカウントの設定」でアカウント名とウェブサイト名を入力します。

7 「ウェブサイトのURL」で[https://]を選択し、

8 URLを入力し、

9 「業種」、「レポートのタイムゾーン」を選択して（POINT参照）、

10 [トラッキングIDを取得]をクリックします。

6

✓ POINT

それぞれの項目は、以下のように設定します。

項目名	設定内容
アカウント名	管理用のアカウント名を決めます
ウェブサイト名	管理用のホームページ名を決めます
ウェブサイトの URL	「http://」ではなく「https://」を選択し、ホームページの URL（例の場合「www.gokakkei.com」）を入力します
業種	ふさわしい業種を選びます
レポートのタイムゾーン	「日本」を選びます

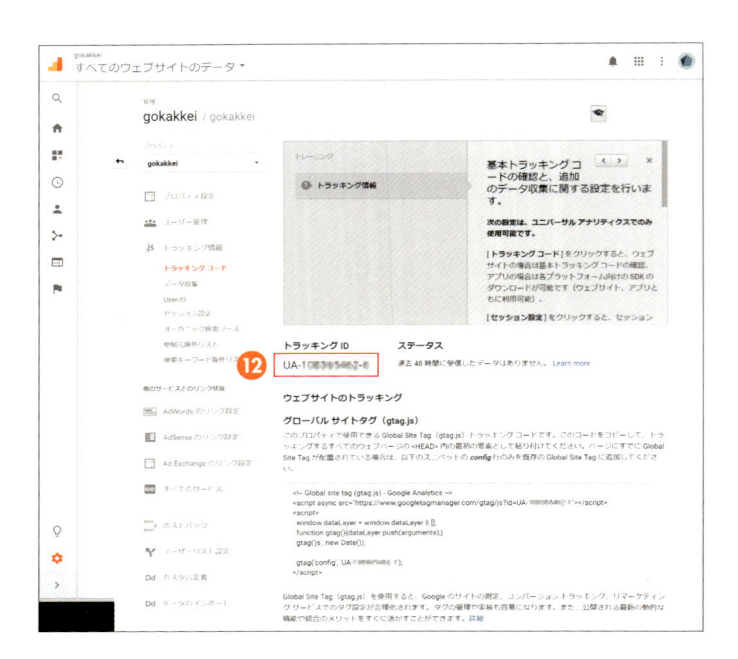

⓫ 「利用規約」に同意して先に進むと、Googleアナリティクスの管理画面に進みます。

⓬ 管理画面の「トラッキングID」をコピーしておきます。

◎ JimdoでGoogleアナリティクスの登録をする

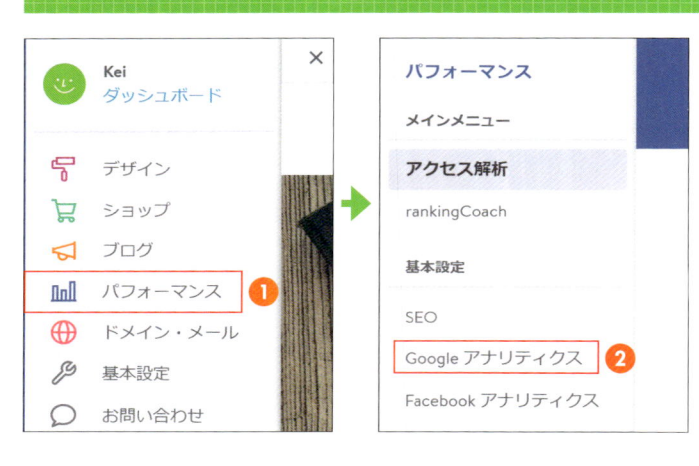

❶ [管理メニュー]から[パフォーマンス]をクリックし、

❷ [Googleアナリティクス]をクリックします。

❸ 設定ツールの「トラッキングID」欄に上の手順⓬でコピーしたトラッキングIDを貼り付け、

❹ [保存]をクリックします。

○ Googleアナリティクスの画面

Googleアナリティクスのデータは、Jimdoの管理メニューからは確認できません。Jimdo側では連携の設定をするだけなので、データはGoogleアナリティクスにログインして確認します。ホームページへのアクセスに関する様々な情報を知ることができます。詳しい使い方はGoogleアナリティクスのヘルプを参照してください。

[アナリティクス ヘルプセンター]
▶ https://support.google.com/analytics

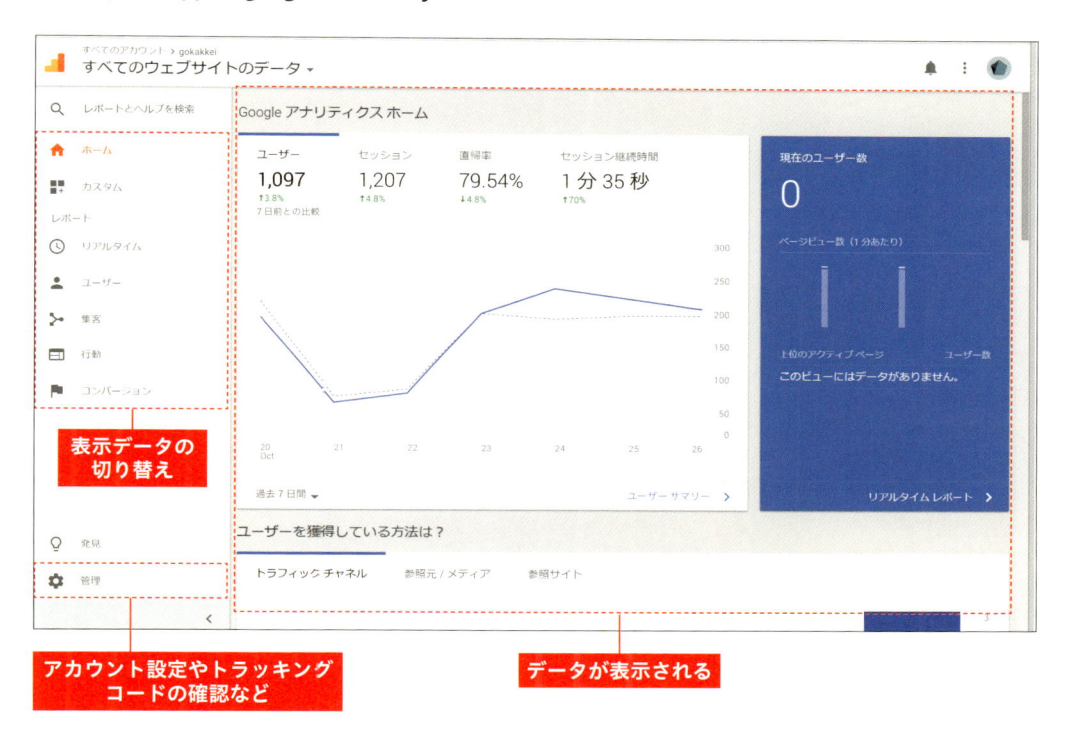

※画像内のデータはサンプルです。通常開設したばかりのホームページのユーザー数、セッション数は多くありません。

✓MEMO

連携の設定直後はデータが表示されない場合があります。1日程度待ってもう一度確認してみましょう。

✓POINT

Googleアナリティクスとの連携は、JimdoPro以上の機能です。JimdoFreeでGoogleアナリティクスと連携をさせたい場合は、少し手間がかかりますが、別の方法があります。p.156手順⓬の画面で「グローバルサイトタグ」をコピーし、Jimdoの[管理メニュー]から[基本設定]→[ヘッダー編集]の順にクリックし、[ホームページ全体]タブのコード入力エリアに貼り付けて[保存]をクリックします。

6

section 09

SEOやソーシャル連携を利用する

Googleサーチコンソールを利用する

SEO対策のひとつとして「Googleサーチコンソール」という外部サービスがあります。ホームページがGoogleの検索結果に表示された回数や検索ワードなどがわかるツールです。また、XMLサイトマップを送信することでGoogleがホームページを認識しやすくなる可能性があります。

○ Googleサーチコンソールに登録する

1 Googleサーチコンソール（www.google.com/webmasters/）にアクセスし、

2 [ログイン]をクリックしてGoogleアカウントでログインします。

3 サーチコンソールの「ホーム」画面が表示されるので[ウェブサイト]が選択されていることを確認し、

4 入力フィールドにホームページの正式なURLを入力して、

5 [プロパティを追加]をクリックします。

✓MEMO

例では「https://www.gokakkei.com」を登録しています。最後の「/」は、あってもなくても構いません。

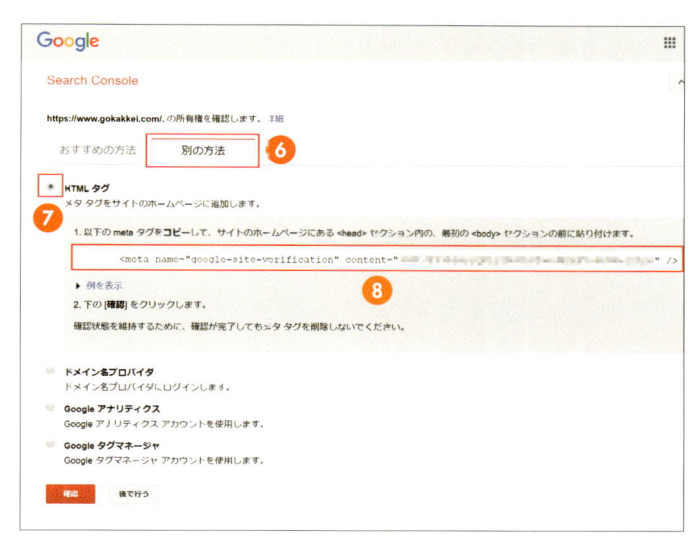

6 登録したURLの所有権を確認する画面になるので[別の方法]をクリックし、

7 [HTMLタグ]をクリックします。

8 「メタ タグをサイトのホームページに追加します。」というメッセージとコードが表示されるので、コードをコピーします。

✓ **MEMO**

所有権を確認するのは、ホームページの所有者でない人が勝手にGoogle サーチコンソールに登録操作するのを避けるためです。

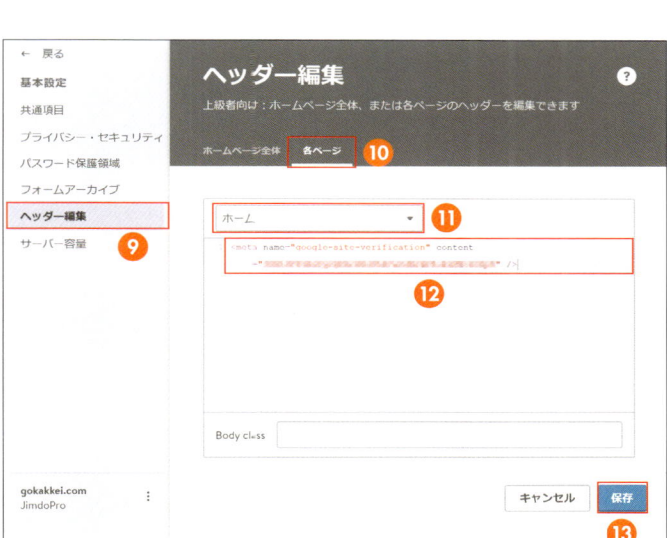

9 サーチコンソールの画面を閉じずにブラウザの別のウィンドウ（タブ）でJimdoの編集画面を開き、[管理メニュー]から[基本設定]→[ヘッダー編集]の順にクリックします。

6

10 [各ページ]をクリックし、

11 [ホーム]が選ばれているのを確認し、

12 手順8でコピーしておいたコードを貼り付けて、

13 [保存]をクリックします。

14 手順8のサーチコンソールの画面に戻り、画面左下の[確認]をクリックします。

15 「所有権が確認されました。」という表示が出たことを確認して、

16 [続行]をクリックするとGoogleサーチコンソールの「ダッシュボード」に移動します。

✓ **MEMO**

ダッシュボードからは様々な情報を確認できます。詳しくは以下のヘルプを参照してください。

[**Search Console ヘルプセンター**]

▶ https://support.google.com/webmasters

◯ XMLサイトマップを送信する

Googleは自動的にインターネット上を巡回して新しいホームページの情報を取得していますが、公開したばかりのホームページが認識・登録されるには、時間がかかります。GoogleサーチコンソールでXMLサイトマップを送信すると、Googleがホームページの内容をより効果的に認識する可能性があります。その手順を紹介します。

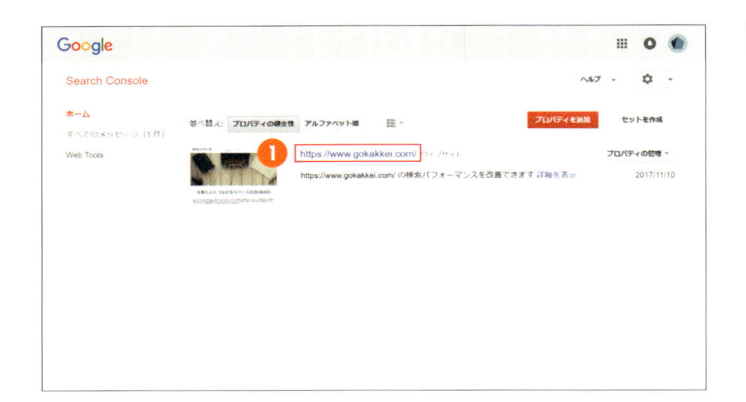

❶ Googleサーチコンソールの「ホーム」画面を開きます。登録済みのホームページが表示されているので、URLをクリックします。

❷ Googleサーチコンソールの「ダッシュボード」が開くので、[サイトマップ]をクリックします。

❸ [サイトマップの追加／テスト]をクリックします。

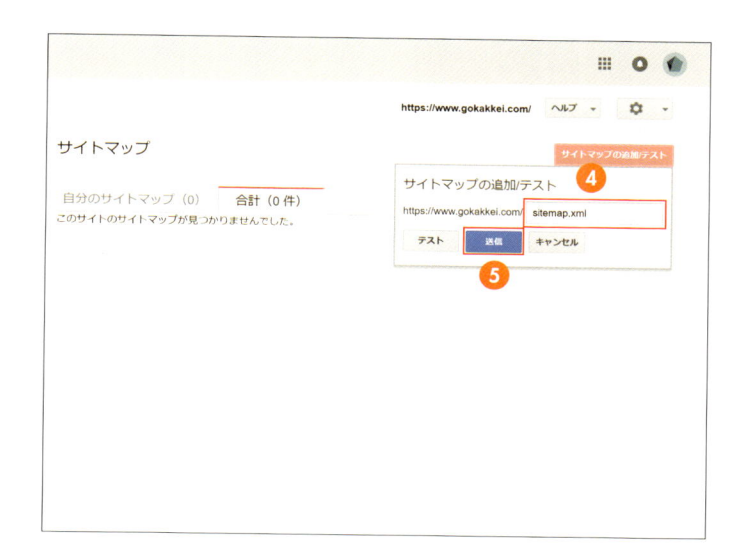

④ 入力フィールドに「sitemap. xml」と入力し、

⑤ [送信]をクリックします。

> ✓ MEMO
>
> Jimdoでは、XMLサイトマップは自動的に生成され、「ホームページのURL/sitemap.xml」（例の場合「https://www.gokakkei. com/sitemap.xml」）にあります。

⑥ 「アイテムを送信しました」と表示されたことを確認し、

⑦ [ページを更新する]をクリックします。

6

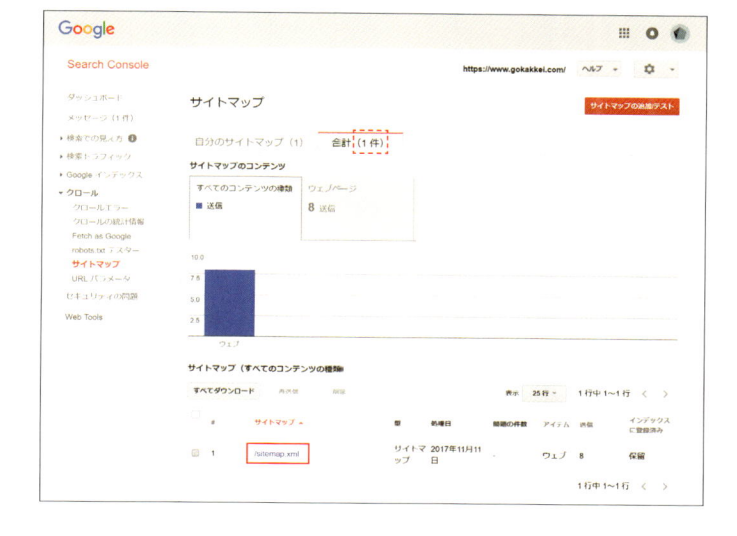

⑧ サイトマップが送信されたことが確認できます。

> ✓ MEMO
>
> SEOについては、p.162を参照してください。

6

section
10

SEOについて知る

「SEO」は「Search Engine Optimization（検索エンジン最適化）」の略です。検索エンジンがホームページの情報を見つけやすいようにし、なるべく検索結果の上位に表示されるように対策することを「SEO対策」などと呼びます。

● 検索サービスがホームページを登録する仕組み

Googleなどの検索サービスは、インターネット上を「クローラー」と呼ばれる自動プログラムで巡回して、見つけたホームページを順次登録したり、既に登録されたホームページの情報を更新したりしています。

ホームページを新たに公開した場合、「クローラー」に見つけてもらいGoogleに登録されるのがSEOの最初のステップです。「クローラー」はインターネット上のリンクを次々にたどって情報を集めていくので、新しく作ったホームページがSNSや他のホームページから参照されるようになると自然と登録されます。公開したばかりのホームページが登録されるまでには少し時間がかかります。また、一旦Googleに登録されたらそれで終わりというわけではなく、ホームページの更新内容など、常に最新の情報を「クローラー」に見つけてもらう必要があります。「クローラー」がホームページの情報を見つけやすくする対策のひとつとして、Googleサーチコンソールで「XMLサイトマップ」を送信する方法を本書ではご紹介しています（p.160参照）。

> ✓**MEMO**
>
> Googleにホームページが登録されているかどうかは、Jimdoの[管理メニュー]から[パフォーマンス]→「SEO」で確認できます（p.148参照）。

● 検索ワードや検索結果の順位はどう決まるのか

登録されたホームページがどんな検索ワードで検索結果に表示されるのか、また、どうやって検索結果の順位が決まるのかは、検索サービスが独自のルールで判断しています。

様々な条件で複合的に判断しているため、検索結果は常に変動します。また、検索サービスのプログラム自体も進化し更新されていきます。ですから、一般的にできる対策はあっても、「○○をしたら必ず検索結果が上位になる」という絶対的な方法はありません。

⭕ 制作時にできるSEO

少し意識するだけでできるSEOを2つご紹介します。

■ ホームページのテキスト情報を点検する

ホームページ制作時にできる最も有効な対策は、ユーザーに検索してほしいキーワードをテキスト情報として
ホームページに掲載しておくことです。
テキスト情報というのは、具体的には、

- ▶「ページタイトル」と「ページ概要」（p.147参照）
- ▶［見出し］（p.80 参照）や［文章］（p.81 参照）などの文字情報
- ▶［画像］の「代替テキスト」（p.89 参照）

です。これらに適切に必要なワードが含まれるよう、工夫してみてください。
例えば「ゴカッケイ」「GCKAKKEI」という店名で検索にかかって欲しいと思っているのに、もしホームページの
どこにも店名のテキスト情報がなく「Worker's cafe」とか「当店では」としか記載されていないとしたら、店名で
検索にかかる可能性はありません。SEOを意識した文章表現を検討してみてください。
ただし、あきらかに不自然かつ作為的にキーワードとなる単語だけを並べて記述するようなことをしても効果はあ
りません。誰もが思いつくような不正な方法は通用しないと考えてください。そして何より、そのような内容のホー
ムページはユーザーからの信頼を損なうのでやめましょう。

■ 検索結果をより魅力的にする

せっかく検索結果にホームページが表示されても、検索結果の表示内容が簡潔でかつ魅力的でないと、ユー
ザーはホームページを見にきてくれません。Googleの検索結果には「ページタイトル」と「ページ概要」が使用
されるので、ここの表記をよくチェックしてください（p.147 参照）。

⭕ Googleマイビジネスの利用

Googleの検索結果を見ると、会社やショップの情報が写真や地図と共に表示されている場合が
あります。「Google マイビジネス」という外部サービスに登録しておくと、検索キーワードによっ
ては、こうして表示される可能性が高まります。登録情報にはJimdoで作成したホームページの
URLを設定しておきましょう。

サービスの詳細や使い方は「Google マイビジ
ネス」（https://www.google.co.jp/business
/get-started.html）を参照してください。

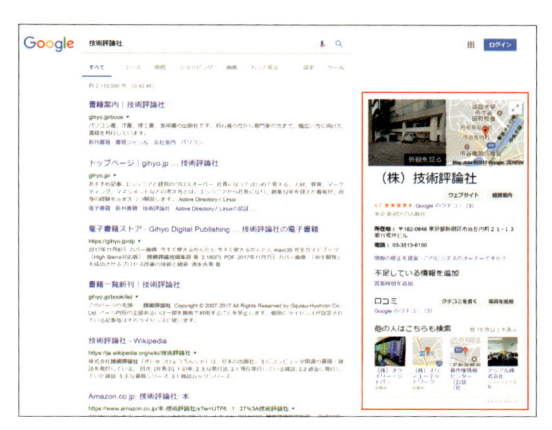

6
section
11

ページの公開設定を変更する

Jimdoで作るホームページは、登録したと同時にインターネット上に公開され、アクセスが可能になっています。作成途中のページや一部のユーザー以外に表示したくないページなどは、準備中モードやパスワードを設定して隠すことも可能です。

● ページの公開

「ホームページが公開される」というのは、URLを知っている人なら誰でも見ることができるということです。まだ誰にもURLを教えていなくても、Googleなどの検索サービスの「クローラー（P.162参照）」がホームページを見つけて登録すれば、制作中であっても検索にかかる可能性がゼロではありません。

また、運用中のホームページは公開した状態で修正・編集作業をしなければならないのでたまたま閲覧中のユーザーがいるかもしれません。

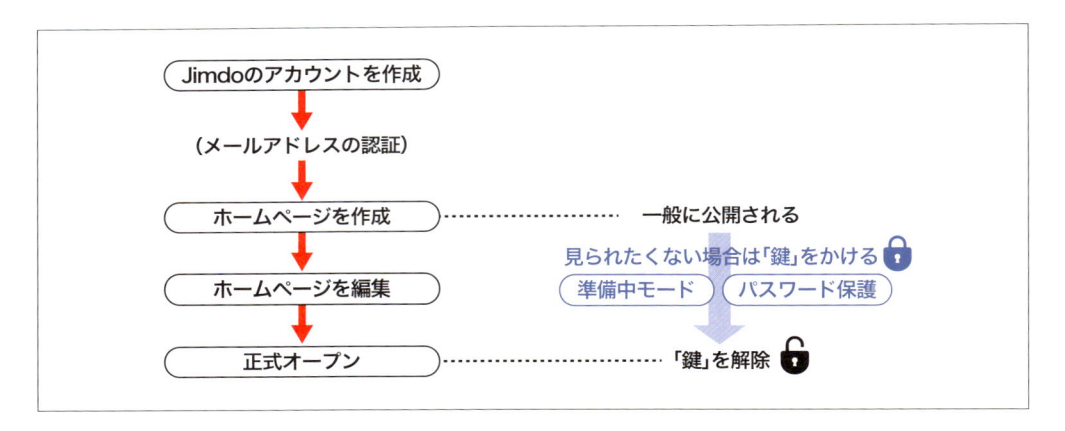

メンテナンス中のホームページをユーザーに見せたくない場合、一時的に「鍵」をかける方法が2つあります。

✓MEMO

「準備中モード」と「パスワード保護」は、プレビュー画面でも有効になるため、制作中に実際のページの見た目を確認しづらくなります。非表示にこだわらない場合は、目立つ場所に「文章」コンテンツを追加して「ただいまメンテナンス中です」と表記しておくだけでもよいでしょう。

「準備中モード」機能を使う（JimdoProのみ）

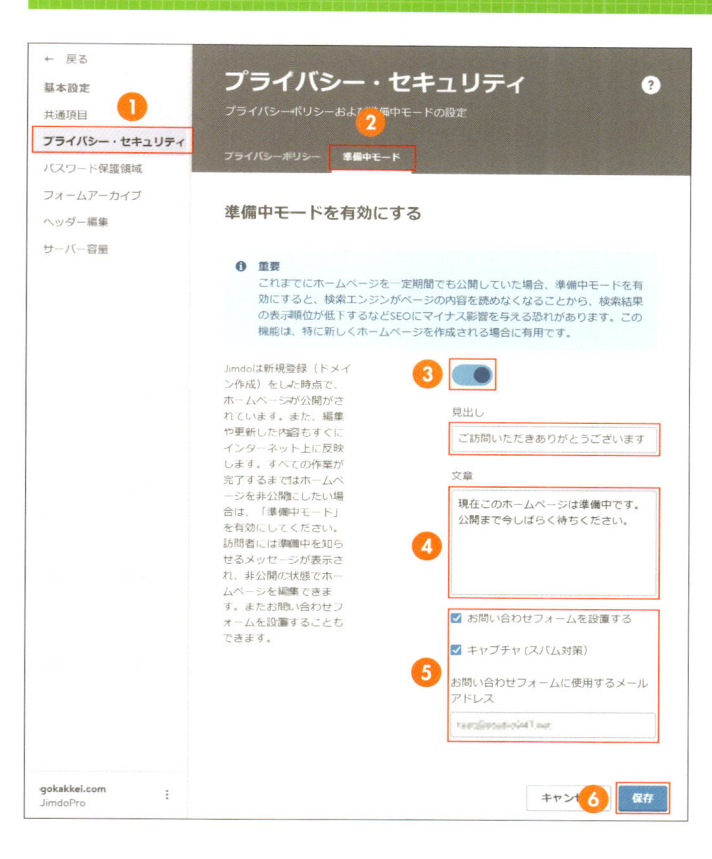

1 ［管理メニュー］で［基本設置］→［プライバシー・セキュリティ］の順にクリックし、

2 ［準備中モード］をクリックします。

3 「準備中モードを有効にする」をクリックしてオンにし、

4 「見出し」と「文章」を設定し、

5 必要に応じて「お問い合わせフォーム」の設定を行って、

6 ［保存］をクリックします。

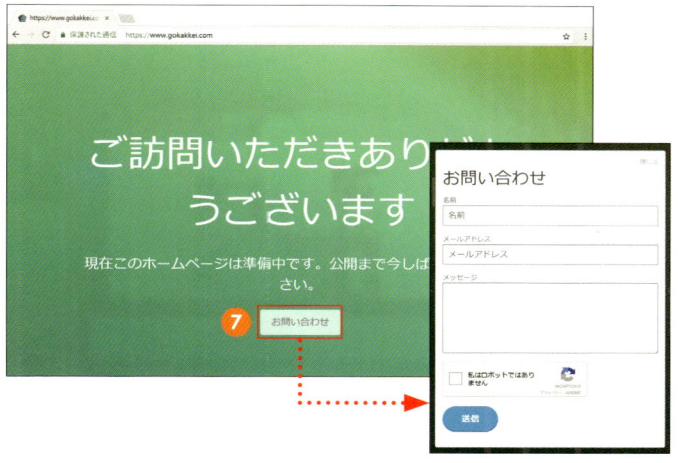

7 ブラウザでホームページの URL を表示すると、準備中の画面が表示されます。設定ツールで準備中モードを解除すれば、再び実際のページが表示されます。

ページごとにパスワードで保護する

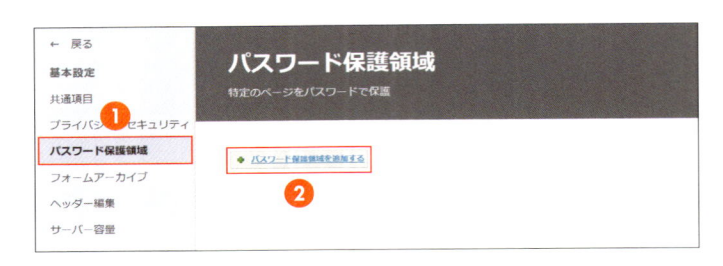

1 [管理メニュー]で[基本設置]→[パスワード保護領域]をクリックし、

2 [パスワード保護領域を追加する]をクリックします。

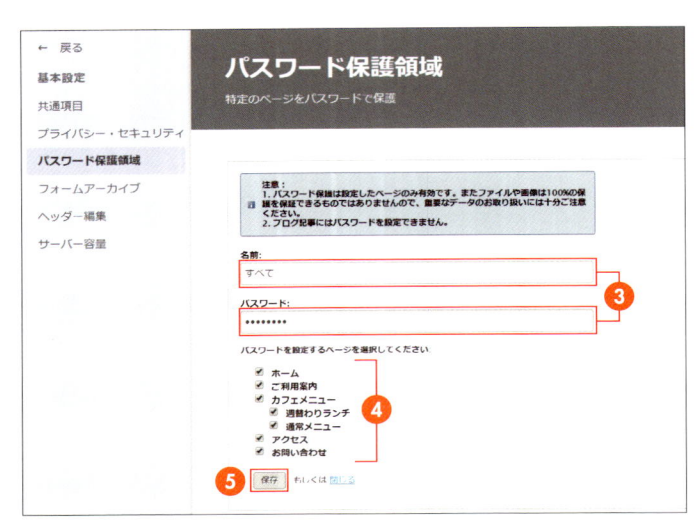

3 設定ツールで、保護領域の「名前」と「パスワード」を入力し、

4 保護したいページにチェックを入れて、

5 [保存]をクリックします。

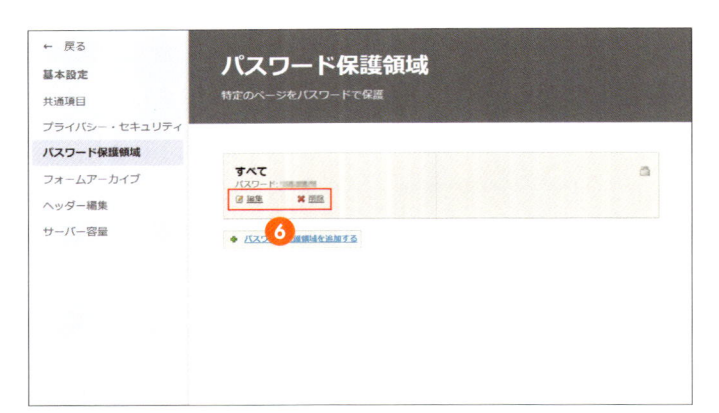

6 パスワード保護が設定されます。[編集]をクリックすると設定内容の編集、[削除]をクリックすると保護設定の削除ができます。

✓POINT

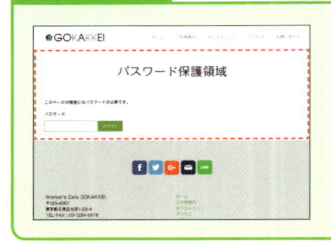

パスワード保護領域に設定したページにアクセスすると、パスワードの入力を求められ、設定したパスワードで[ログイン]すると、内容が表示されます。ただし、「パスワード保護」で非表示にできるのは、メインコンテンツ部分だけです。ヘッダー、サイドバー、フッターは表示され、ナビゲーションのリンクも機能します。

6

SEOやソーシャル連携を利用する

ホームページを削除する

Jimdoはひとつのアカウントで複数のホームページを管理できるので、アカウントを残したままホームページを削除できます。練習で作ったホームページがある場合や、ホームページが不要になった場合は、インターネット上に放置しておくことなく、削除するようにしましょう。

○ ホームページの削除（JimdoFreeの場合）

JimdoFreeとJimdoPro以上では、削除方法が異なります。JimdoFreeの場合、削除方法は以下の通りです。

❶ ［ダッシュボード］で削除したいホームページの右下の［⋮］をクリックし、ドロップダウンメニューから［削除］をクリックします。

> ✓**MEMO**
>
> JimdoProの場合、ドロップダウンメニューに［削除］が表示されません。

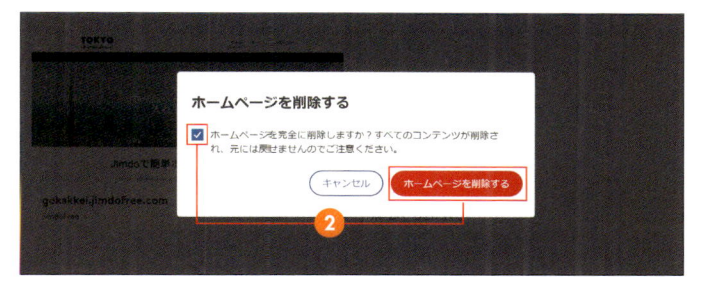

❷ ［確認画面で確認事項にチェックを入れ、［ホームページを削除する］をクリックするとホームページが削除されます。

> ✓**POINT**
>
> ホームページを削除すると「https://xxxxx.jimdofree.com」のURLも削除され、「xxxxx」の部分に指定した文字列は他のJimdo利用者が使えるようになります。一旦ホームページを削除して同じ名前で登録しようと思っても、他の利用者が先に登録してしまう可能性があるので注意してください。

○ ホームページの削除（JimdoPro以上の場合）

JimdoPro以上のプランは有料のため、まず支払いの「解約」手続きをし、その後ホームページを削除する必要があります。手順は以下の通りです。

1 ［管理メニュー］右下の［⋮］をクリックして表示されるドロップダウンメニューから［ご契約情報］をクリックします。

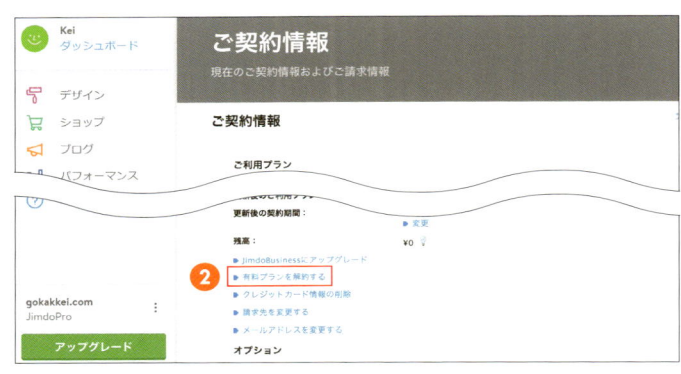

2 ［有料プランを解約する］をクリックし、

3 画面の指示に従って解約手続きを進めます。

4 解約手続きが完了し、契約満了日が来るとJimdoFreeにダウングレードされ、ホームページの削除が可能になります。自動では削除されないので、p.167の手順で自分で削除します。

p.167の手順で自分で削除します。

✓MEMO

解約手続きが完了しても、契約満了日まではJimdoProのプランが使用できます。契約満了を待たず、解約と同時にホームページや独自ドメインの削除をしたい場合は、［管理画面］の［お問い合わせ］からサポートに依頼します。
▶ https://jp-help.jimdo.com/cancellation2/

✓POINT

独自ドメインを利用している場合、解約に伴い2つの選択肢があります。手順はサポートを参照してください。
▶ https://jp-help.jimdo.com/cancellationplan/

1 ドメインを削除する
解約後、契約終了時に独自ドメイン（URL、メールアドレス）が削除され使用できなくなります。

2 外部にドメインを移管する
Jimdoの利用をやめてからも同じ独自ドメイン名を使用したい場合、自分で別のドメイン管理会社と契約してドメインの管理をJimdoから移管することができます。なお、ドメインの移管というのは「ドメイン名」を所有し続けられるという意味で、ホームページの内容やメールアドレスをそのまま移動させられるという意味ではありません。

文字情報が多い
ビジネス系の作例

架空のPR会社のホームページ作例をもとに、デザインのよく
ある失敗例と改善策を11個の例で解説します。

［作例公開URL］
▶https://cosmostart.jimdo.com/

7 作例 A

文字情報が多いビジネス系の作例

作例のデザイン解説

会社や事務所のホームページの参考になるよう、PR会社を想定してデザインした作例です。事業内容や基本情報など、文字情報で伝えたいことが多いので、整然とした構成にします。

作例のデザイン概要

https://cosmostart.jimdo.com/

背景

ロゴ

デザインポイント

仕事の依頼を検討しているユーザーが見たときに安心できるよう、「信頼がおける」「理知的な」印象になるように色やフォント、写真素材を選んでいます。情報を見つけやすい構成と、整然とした配置です。グローバルな印象を出すために、ナビゲーションや見出しの一部にあえて英語表記を採用しています。

デザインメモ

▶ **使用レイアウト／プリセット**

Miami ／ Fisher Islands

▶ **使用フォント**

見出し大・中・小：リュウミンR-KL
テキスト　　　　：ゴシック
※フォント以外にもスタイルを変更している
　箇所があります。

▶ **デザイン要素の配置**

Ⓐ ナビゲーション
Ⓑ メインコンテンツ
Ⓒ サイドバー
Ⓓ フッター

作例のページ構成

◎ 作例のデザインポイント

このデザイン作例で解説する、よくあるデザインのNGポイントと改善ポイントをご紹介します。
詳しくは各解説ページを参照してください。

HOME

魅力的な背景画像を選ぶ

背景画像はホームページの顔となるので、画質のよいイメージに合ったものを選ぶのが大切です。
▶ Section01

文字が多すぎる画面は嫌われる

伝えたいことがたくさんあると長文になりがちですが、トップページでは逆効果。ユーザーを逃がさない工夫をしましょう。
▶ Section02

色の使い過ぎに注意

色をたくさん使うとどんな印象になるでしょうか? 必ずしもにぎやかにするのが良いとは限りません。
▶ Section03

フォントは原則2種類以内で

フォントの使いすぎには要注意。また、選び方ひとつでデザインの印象ががらりと変わります。
▶ Section04

SERVICES

ナビゲーションは
多すぎず＆深すぎず

ページの階層構造のバランスがよいと、ユーザーは情報を見つけやすくなります。ナビゲーションを編集して使いやすい構成にしましょう。

▶ Section05

長すぎるページは
分割して階層化する

1ページにたくさんの情報が入りすぎている時は、内容に応じて複数の下層ページを作り、入り口となるページから誘導するとすっきりします。

▶ Section06

7

プレスリリース代行

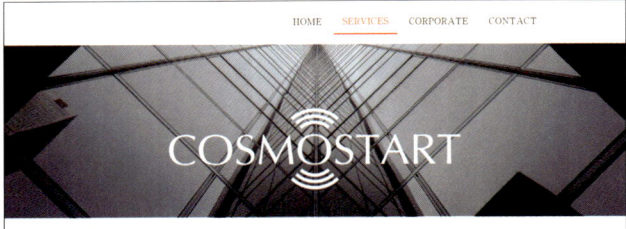

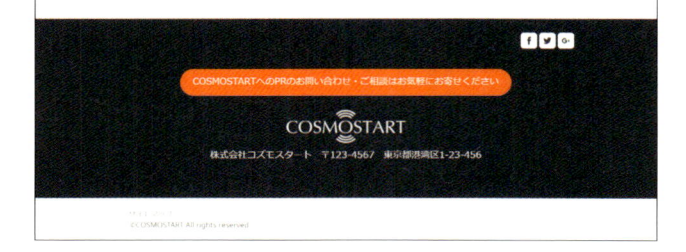

長文はメリハリを付けて読みやすく

せっかく長い文章を掲載しても読んでもらえなければ意味がありません。長文の場合は読みやすいリズムを作りましょう。ちょっとの工夫で大きな違いが生まれます。

▶ Section07

ページ同士の横移動を便利にする

ページの下部に関連ページへのリンクを設けると、関連するページへ移動しやすくなります。上部のナビゲーション以外にも移動できる手段を用意しておくと便利です。

▶ Section08

イベント運営

画像で安心感と安定感をアップ

文字だけに比べると画像が入っている方がユーザーの興味をひきやすく、内容を読んでもらいやすくなります。内容に合わせて写真を選び、配置場所に合わせて加工しましょう。

▶ **Section09**

共通の要素はサイドバーに入れる

全てのページに同じ情報を入れたい場合は、サイドバーを利用すると便利です。メンテナンスしやすいことは重要です。

▶ **Section10**

フッターの点検を忘れずに

意外と忘れがちなのがフッターの掲載内容です。細部まで丁寧にチェックしてホームページを完成させましょう。

▶ **Section11**

文字情報が多いビジネス系の作例

魅力的な背景画像を選ぶ

背景画像は、多くのレイアウトでメイン画像として扱われる、デザイン全体の雰囲気を決める大切な要素です。イメージに合う、品質の良いものを使用しましょう。また、ロゴやタイトル文字が背景画像の上に配置される場合は、コントラストに注意しましょう。

○ 改善例

Bad

- 都市の写真というモチーフ自体は悪くないが、構図や色が中途半端でぱっとしない。

Good

- 抽象的な写真だが都会的で上昇的な印象でビジネスイメージにあっている。

✓MEMO

背景画像設定の操作はp.53を参照してください。

● ふさわしい画像の選び方

クオリティが高く目を引く美しい写真でも、与えたいビジネスイメージとかけ離れていたらむしろ逆効果です。ナチュラルなイメージは、このPRエージェンシーのイメージに合いません。

また、モチーフや構図がビジネスイメージに沿っていたとしても、ロゴと背景のコントラストが低いとロゴが見えません。ロゴの配置や色を変更する必要があります。

● 画像のサイズに注意

元の写真のサイズが小さすぎると、背景に設定したときに拡大されるため、粗く表示されてしまいます。背景画像用の写真は横1600ピクセル～2000ピクセル程度あるものにしましょう。

7

section 02

文字が多すぎる画面は嫌われる

ホームページの最初のページを開いたときに文章でいっぱいだったらどう感じるでしょうか？ 伝えたいことがたくさんあると、つい長い文章で説明したくなってしまうものですが、ユーザーが読む気になる文章量を意識しましょう。

○ 改善例

Bad

- 文章量が多すぎて読む気が起きにくい。概要をひと目でつかめない。

Good

- 短い文章で表現され、概要をつかみやすい。詳しく知りたい箇所だけクリックする気になる。

● 深い説明は別のページに

「HOME」ページ

短く簡潔に

トップページは表紙であり、ユーザーが情報を探しやすいことが重要です。文章が長すぎると、それだけでユーザーを遠ざけてしまう可能性があるので（特にHOMEなどのトップページでは）、短文を心がけましょう。

「SERVICES」ページ

トップページで伝えきれないことは、適切な下層ページでより詳細な内容を掲載します。この例では、トップページの内容を絞り込んだ代わりに、下層ページ「SERVICES（サービス内容）」に、より掘り下げた内容を盛り込みました。

文字情報が多いビジネス系の作例

色の使い過ぎに注意

目立たせたいと思うとたくさんの色を使いたくなってしまうかもしれませんが、バランスよく配色するのはとても難しいテクニックです。Jimdoのレイアウトはたいていメインとなるカラーが設定されているので、他にはサブカラーを1色使う程度にしましょう。

○ 改善例

Bad

- たくさんの色を使い、配色の統制が取れておらず安っぽい印象を受ける。

Good

- 色が整理され、安定した落ち着いた印象を受ける。写真が入るので寂しさはない。

✓MEMO

薄すぎて読みづらい色を文字色に使用するのは避けましょう。

● 色の使い方

編集画面で「文章」の色を変更したり、スタイル設定で「見出し」の色を変更し、様々な色を使っています。一見にぎやかですが、思いつきで選んだ配色のため一貫性がなく、個人ブログのようなカジュアルさが出て信頼感が持てません。
カテゴリーごとに別の色を指定する手法は、配色が難しいので、むしろ、色は統一することをおすすめします。

▶ 使っている色

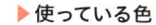

強調したい箇所は、このレイアウトのメインのカラーである濃いオレンジに統一し、「見出し」はあえて黒にして堅い印象にしています。リンクにはサブカラーとして2つ目の色を指定しました。

▶ 使っている色

✓POINT

サブカラーにはメインカラーと相性がよく違いのはっきりする色を選びます。メインカラーに対して相性のよいサブカラーを選ぶにはp.224を参照してください。

7

✓MEMO

雑誌の紙面などで、写真やイラストを除いた状態の基本デザインに使われている色を見る習慣をつけてみましょう。意外にも、ひとつの面に使用されている色の種類が少ないことに気付くはずです。

フォントは原則2種類以内で

フォントを選び始めると、変化をつけたくなり、ついたくさんのフォントを使ってしまいがちですが、デザインの統一感を損なうので気をつけてください。原則として見出しに1種類、本文に1種類、合計2種類までのフォントを選び、ホームページ全体で統一しましょう。

◯ 改善例

Bad

- フォントを4種類も使っていて統一感がなく落ち着かない。フォントの雰囲気が会社のイメージにあっていない。

▶使用フォント
❶ Clicker Script
❷ 新丸ゴ R
❸ 正楷書CB1
❹ LUCKIEST GUY

Good

- フォントを2種類にすると統一感があり画面も安定した。理知的でビジネス向けの印象にまとまっている。

▶使用フォント
❶ リュウミン R-KL
❷ ゴシック

○ フォントの詳細設定

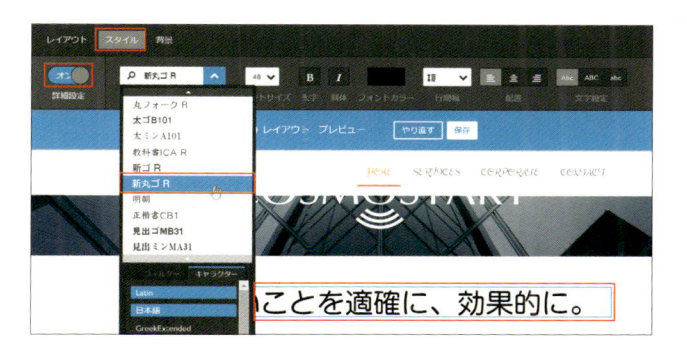

［スタイル］設定（p.62参照）で［詳細設定］をオンにすると、編集画面で選んだコンテンツのフォントを指定することができます。

各所に異なるフォントを指定すると、例のように統一感がなくなってしまいます。また、企業イメージとは違う印象のフォントや、読みづらいフォントを選ぶと、ページ全体が信頼できない雰囲気になってしまいます。

［詳細設定］をオフにすれば、「見出し」全般と「テキスト」全般のフォントを一括指定できます。これで簡単に統一感を保てます。

「見出し」には理知的な印象のフォントを選び、「テキスト」には堅い印象のフォントを選びました。

> **✓ MEMO**
>
> 「フォントの選び方」（p.195参照）と「ウェブフォントについて」（p.197参照）も参考にしてください。

文字情報が多いビジネス系の作例

ナビゲーションは
多すぎず&深すぎず

ページ構成を複雑に枝分かれさせすぎたり、階層を深くしすぎると、情報が探しづらくなります。だからといって、階層を排除して全ての情報を同一階層に配置すると選択肢が多すぎてわかりづらくなります。適切な分け方を意識しましょう。

⭕ 改善例

Bad ❶

- 第1階層は少ないのに「CORPORATE」の下層ページが多すぎてバランスが取れていない。

Bad ❷

- 全て同一階層に並べると選択肢が多すぎるうえ、ナビゲーションが2行になり使いづらい。

Good

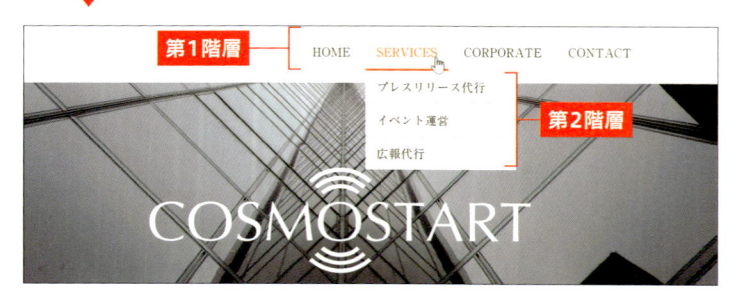

- 第1階層も第2階層も適度な数におさえられ、バランスがよく情報を見つけやすい。

● それぞれのナビゲーション

Badケース、Goodケース、それぞれのページ構成とナビゲーション設定を示します。ユーザーが情報を見つけやすいように、偏りのない設計をしましょう。

Bad ケース1の階層構造 ／ ページ数が多いのに第1階層が少なすぎる

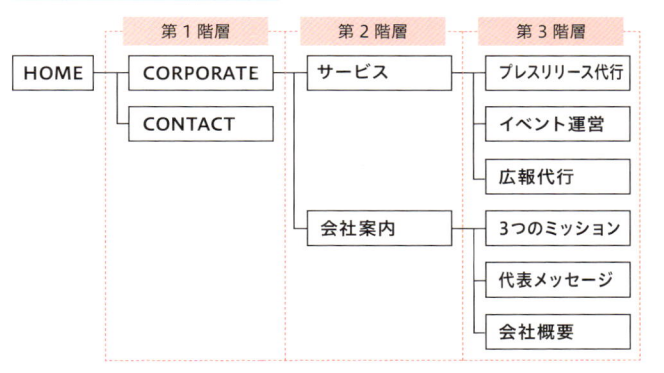
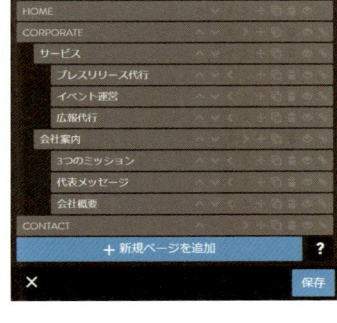

Bad ケース2の階層構造 ／ ページ数が多いのに全て同じ階層

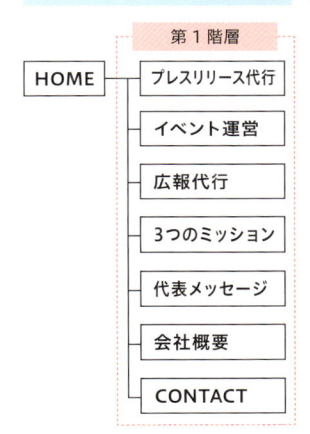

7

Good ケースの階層構造 ／ 適度な階層構造

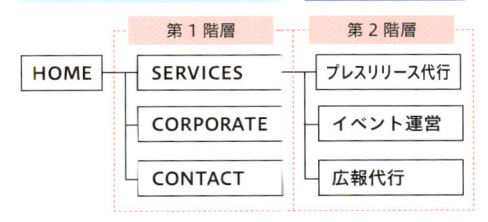
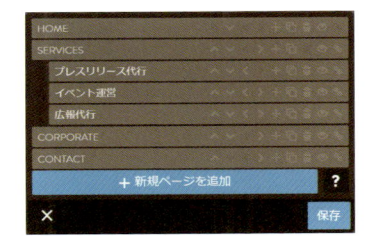

✓POINT

人の目は、選択肢が多すぎるのは苦手です。ナビゲーションで一度に示す選択肢は、5個程度までをひとつの目安にしましょう。ただし、選択肢を減らすためだけに無理な階層構造を作るとかえってわかりづらくなるので気をつけてください。

文字情報が多いビジネス系の作例

長すぎるページは
分割して階層化する

1ページにたくさんの情報が入ることが必ずしもいけないわけではありませんが、極端に縦に長いページは、ユーザーが下部の情報まで行き着かない可能性があります。内容に応じてページを分割し、階層構造を作りましょう。

⭕ 改善例

Bad

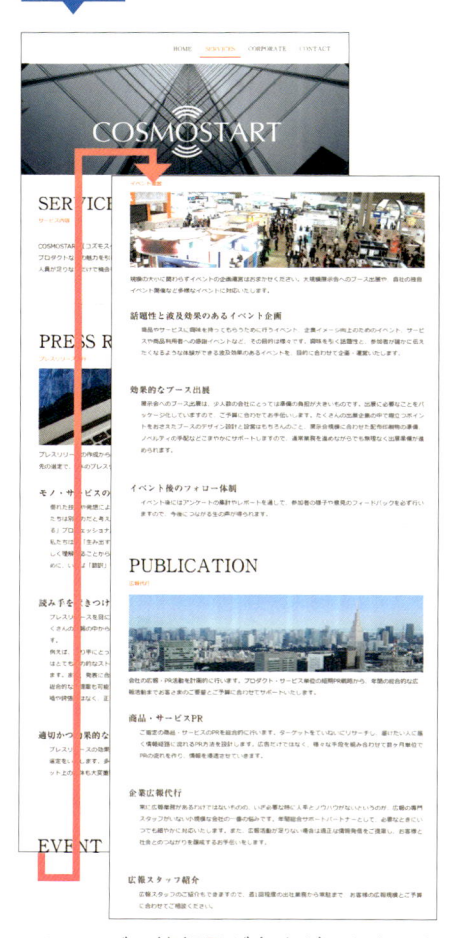

Good

● 1ページの情報量が多すぎると必要な情報の場所がわかりにくい。

● 階層化してサブメニューでつなぐと、情報を探しやすくなる。

● ページを分割し階層化する

Badケースでは「SERVICES」ページがとても長くなってしまいました。内容が詰まりすぎているとアピールしたいことが伝わりづらくなります。

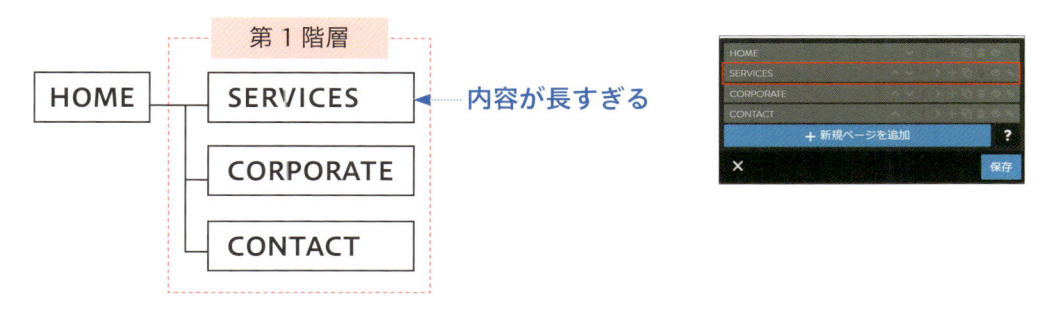

「SERVICES」ページの内容は3つに分けられるので、ナビゲーションを編集して「SERVICES」の下に3つのページを作ります（p.65参照）。新たに作った下層のページに各内容を掲載し、「SERVICES」ページ自体は、3つのサービスの入り口となる内容に変更します。

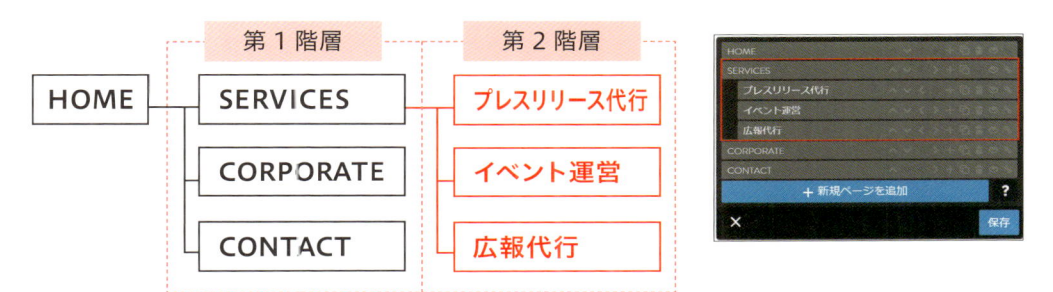

7

✓POINT

コンテンツの構成が似たページを作るときは、既にあるページをコピーして原稿や画像を差し替えると便利です。

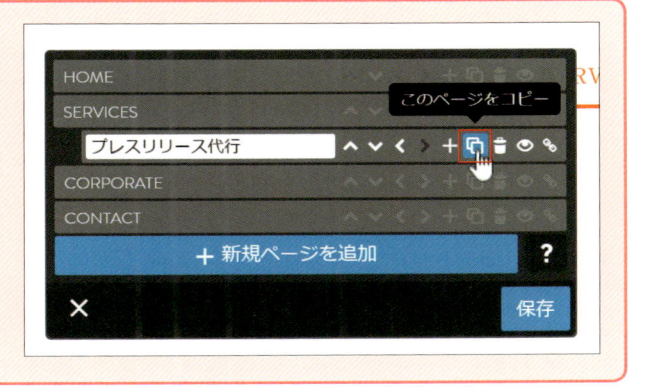

文字情報が多いビジネス系の作例

長文はメリハリを付けて読みやすく

自分がユーザーの立場になってみると、ホームページ上で長い文章を読むのは根気のいることではないでしょうか。掲載する文章が長い場合は、いくつかの配慮をして「読みやすさ」を向上させるよう意識しましょう。

○ 改善例

Bad

Good

● 文字がみっしりと詰まった印象を受け、区切りがわかりづらく読みづらい。

● 同じ内容と長さの文章でも、工夫すると情報がまとまり読みやすくなる。

文字色、行間、見出し、余白、インデントを調整する

プレスリリースの作成から配信までの代行をいたします。ターゲット信先の選定で、1本のプレスリリースの効果を最大限に引き上げます。 **行間が狭く文字が薄い**

優れた技術や発想によりモノやサービスを「生み出す」能力と、それを「伝える」ための能力は、わたしたちは別の力だと考えています。PRエージェンシーであるCOSMOSTART［コズモスタート］は、「伝える」プロフェッショナルとして、お客さまの強力なサポーターになります。

私たちは、「生み出す」プロフェッショナルであるお客さまに敬意を持ってヒアリングし、その技術を正しく理解することから始めます。その魅力を情報の受け手にとってわかりやすく、かつ魅力的に伝えるために、いわば「翻訳」をするのが私たちの仕事です。

プレスリリースを目にする新聞や雑誌、テレビなど媒体の関係者は、日々大量の情報に触れています。たくさんの情報の中から、たったひとつのプレスリリースに目に留めてもらえるように、注意深く構成します。

例えば、作り手にとってはささやかな開発や発想の元になったエピソードが、実は情報の受け手にとってはとても魅力的なストーリーの場合もあります。惹きつける話題はていねいにすくってリリースを構成します。

また、発表に合わせてイベントを開催することにより、より話題性を高めることもできますので、総合的なご提案も可能です。嘘や誇張ではなく、正しくて正確でありながら、効果を最大に引き出す仕掛け作りをいたします。

プレスリリースの効果を高めるには、配信先も重要です。お客さまの業界に応じたより効果的な配信先の選定をいたします。多くの伝統的なメジャーな媒体だけでなく、最近ではSNSに波及力のあるインターネット上の媒体も大変重要です。大小さまざまな媒体に情報が行きわたるようにいたします。

この例では、文字色が薄く、行間が詰まりすぎて窮屈な印象を受けます。

［管理メニュー］-［デザイン］-［スタイル］で、［詳細設定］をオンにし、編集画面で「文章」コンテンツを選択すれば、「行間隔」や基本の「フォントカラー」を変更できます（p.63参照）。

プレスリリースの作成から配信までの代行をい **行間と文字間を修正し改行を入れた** 信先の選定で、1本のプレスリリースの効果を最大限に引き上げます。

優れた技術や発想によりモノやサービスを「生み出す」能力と、それを「伝える」ための能力は、わたしたちは別の力だと考えています。PRエージェンシーであるCOSMOSTART［コズモスタート］は、「伝える」プロフェッショナルとして、お客さまの強力なサポーターになります。

私たちは、「生み出す」プロフェッショナルであるお客さまに敬意を持ってヒアリングし、その技術を正しく理解することから始めます。その魅力を情報の受け手にとってわかりやすく、かつ魅力的に伝えるために、いわば「翻訳」をするのが私たちの仕事です。

プレスリリースを目にする新聞や雑誌、テレビなど媒体の関係者は、日々大量の情報に触れています。たくさんの情報の中から、たったひとつのプレスリリースに目に留めてもらえるように、注意深く構成します。

例えば、作り手にとってはささやかな開発や発想の元になったエピソードが、実は情報の受け手にとってはとても魅力的なストーリーの場合もあります。惹きつける話題はていねいにすくってリリースを構成します。

また、発表に合わせてイベントを開催することにより、より話題性を高めることもできますので、総合的なご提案も可能です。嘘や誇張ではなく、正しくて正確でありながら、効果を最大に引き出す仕掛け作りをいたします。

文字色を濃いグレーにし、行間隔を「2」に設定しています。さらに適宜改行を入れることで、格段に読みやすくなりました。

7

プレスリリースの作成から配信までの代行をいたします。ターゲットをしぼった効果的なライティングと配信先の選定で、1本のプレスリリースの効果を最大限に引き上げます。

余白：50px

モノ・サービスの良さを引き出すライティング **見出し-小**

優れた技術や発想によりモノやサービスを「生み出す」能力と、それを「伝える」ための能力は、わたしたちは別の力だと考えています。PRエージェンシーであるCOSMOSTART［コズモスタート］は、「伝える」プロフェッショナルとして、お客さまの強力なサポーターになります。

私たちは、「生み出す」プロフェッショナルであるお客さまに敬意を持ってヒアリングし、その技術を正しく理解することから始めます。その魅力を情報の受け手にとってわかりやすく、かつ魅力的に伝えるために、いわば「翻訳」をするのが私たちの仕事です。

インデント

読み手を惹きつける話題性

プレスリリースを目にする新聞や雑誌、テレビなど媒体の関係者は、日々大量の情報に触れています。たくさんの情報の中から、たったひとつのプレスリリースに目に留めてもらえるように、注意深く構成します。

例えば、作り手にとってはささやかな開発や発想の元になったエピソードが、実は情報の受け手にとってはとても魅力的なストーリーの場合もあります。惹きつける話題はていねいにすくってリリースを構成します。また、発表に合わせてイベントを開催することにより、より話題性を高めることもできますので、総合的なご提案も可能です。

嘘や誇張ではなく、正しくて正確でありながら、効果を最大に引き出す仕掛け作りをいたします。

適切かつ効果的な配信先の選定

プレスリリースの効果を高めるには、配信先も重要です。お客さまの業界に応じたより効果的な配信先の

さらに、内容ごとに「見出し」を追加したり、適宜「インデント」（p.85参照）と「余白」（p.104参照）を設定したりすると、デザインにリズムができとても読みやすくなります。

✓MEMO

ホームページの文章は、段落の頭で字下げせずに改行を多用する傾向があります。画面での読みやすさを工夫しましょう。

7

section
08

ページ同士の横移動を
便利にする

ページ上部にはナビゲーションがありますが、それに加えて補助的なナビゲーションが
あると便利です。例えば同じ階層に複数のページがある場合、互いのページへのリンク
を設置すると、ページ間の移動がしやすくなります。

○ 改善例

Bad

Good

● 他のページに移動するときに、上のナビゲーションからしか移動できない。

● ページ下部にナビゲーションリンクがあるので、下まで読み進めたときに簡単に別のページに移動できる。

○ 階層内の横移動を便利にする

「SERVICES」ページには、3つの下層ページがあり、サービス内容を詳しく紹介しています。3つのページ間を横移動するナビゲーションリンクがページの下部にあると便利です。

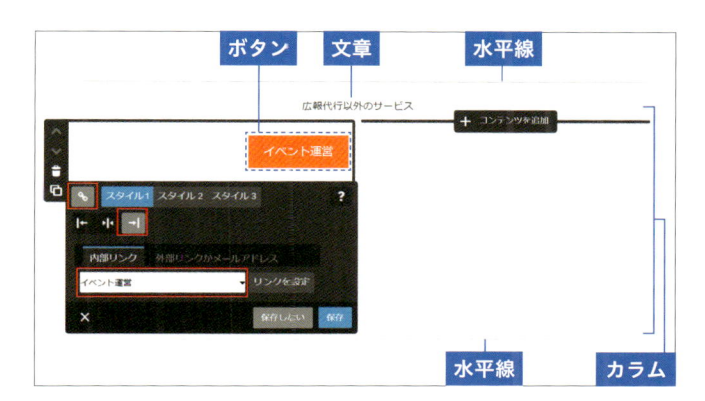

ナビゲーションリンクは図のようにコンテンツを組み合わせて簡単に作れます。
編集画面でコンテンツを追加し、[水平線]、[文章]、[カラム]を設置します。[カラム]は2列にし、左側のカラムに[ボタン]を設置して右寄せにします。

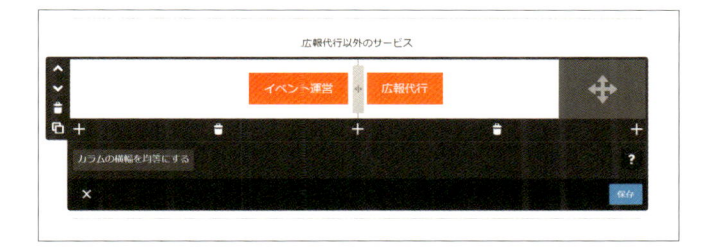

右側のカラムにも[ボタン]を設置し、左寄せにします。例は「プレスリリース代行」ページなので、他の2ページ（「イベント運営」「広報代行」）へのリンクを設置しています。

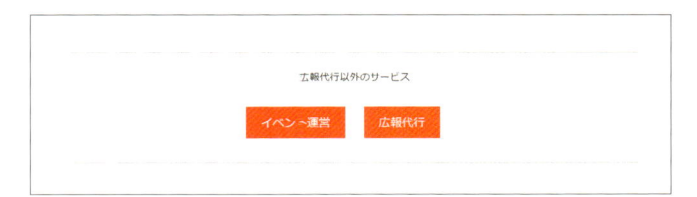

ページ間移動のナビゲーションリンクが完成します。他の2ページにも同様のナビゲーションリンクを作成します。

✔ POINT

複数のページに同じコンテンツをいれたい場合、コンテンツを一時保存して、別のページに移動させる方法を使うと便利です（p.79参照）。

画像で安心感と安定感をアップ

ページを文字だけで構成するのではなく、短文に写真を添えたり、長文の記事ページに写真を入れると、デザインにメリハリができ安定します。また、よりテーマがはっきりして魅力的な印象や安心感がアップします。

○ 改善例

Bad

Good

● 文字だけでも意味は伝わるが、印象が弱い。

● 写真が入るだけで訴求力が上がった。

○ ふさわしい写真を選ぶ

内容と合わない写真は違和感がある

写真を入れると効果的だからといって、どんな画像でもよいというわけではありません。内容と関係ない写真をいれるのは逆効果です。単なる装飾ではなく、ふさわしい写真を選びましょう。

○ 写真の加工

Jimdoの画像編集機能を使うと、様々な加工ができます（p.90参照）。「イベント運営」ページの上部にあるような横長の画像を作りたい場合、画像編集機能で[切り抜き]を利用し、横長に加工します。同一階層の他のページにも画像を配置して同じ比率で切り抜けば、統一感が出ます。

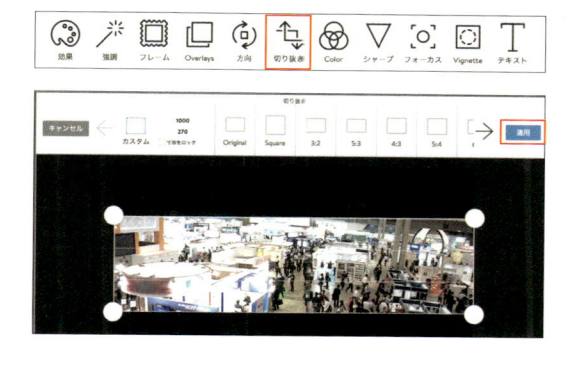

横長の画像

✓ MEMO

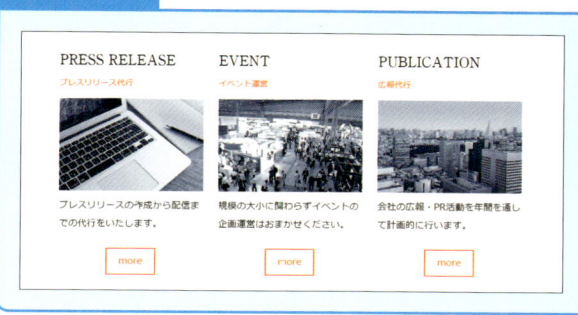

画像編集機能で[Color]を利用すると、写真の色調を変えられます。例では青みがかったグレートーンに調整し、シャープな雰囲気にしました。

7

section 10

共通の要素は
サイドバーに入れる

お問い合わせのバナーや会社の基本情報など、全ページに入れておきたい内容は、「サイドバーエリア」を利用すると便利です。サイドバーに入れたコンテンツは、全ページ共通で表示されるので、全てのページに同じコンテンツを追加しなくて済みます。

⭕ 改善例

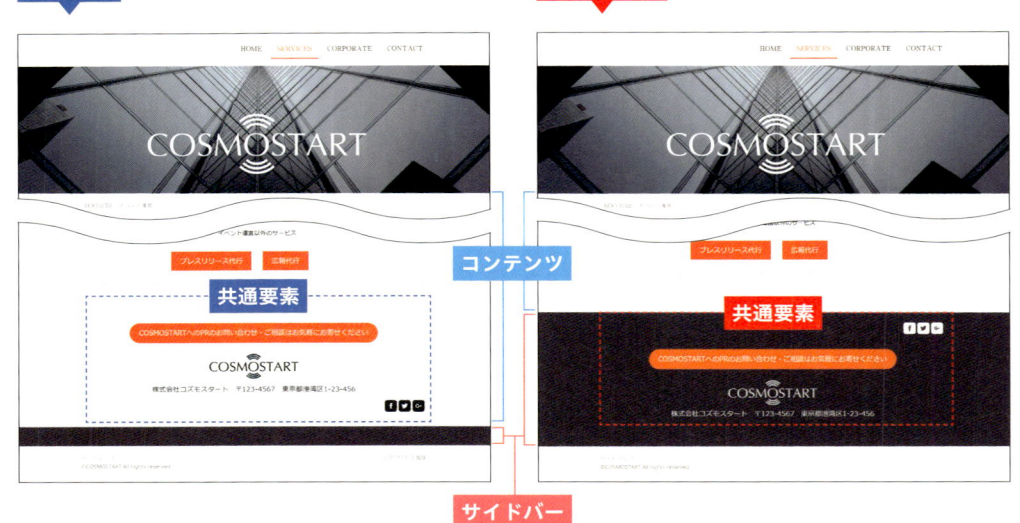

Bad / **Good**

コンテンツ / サイドバー

- コンテンツエリアに共通要素がある。全てのページに同じコンテンツを追加しなければならず、管理や修正に不便。

- サイドバーエリアに配置したコンテンツは、1ページ更新するだけで全てのページに反映できる。

✓MEMO

「サイドバー」は、レイアウトによってページの横や下部など異なる位置に配置されます。

✓POINT

シェアボタンは配置場所によって機能が変わります。コンテンツエリアに配置するとそのページのURLをシェアできますが、サイドバーに配置すると常にホームページのトップページのURLをシェアするボタンになります（p.139 MEMO参照）。

フォントの選び方

ホームページに利用できるフォントは様々な種類がありますが、それらは大きく「ゴシック体」と「明朝体」に分けられます。ゴシック体は縦横の線の太さの差がほとんどないのに対して、明朝体は縦横の線の太さの差が大きく角に墨がたまったような膨らみがあり、はねやはらいも線の太さで表現しているのが特徴です。

ゴシック体	明朝体
泳ぐ	泳ぐ

太さの違い

それぞれのフォントには、多くの場合複数の太さ（ウェイト）が用意されています。本文には細めのもの、見出しには太めのものを使用するのが一般的です。本文に太いウェイトを選ぶと文章が読みづらくなるので避けましょう。

ゴシック体

細い ←→ 太い

明朝体

JimdoPro で選べる日本語フォント

JimdoPro で選べる日本語フォントを分類すると以下のようになります。選ぶときの参考にしてください。

ゴシック体
- ゴシック（※）
- ゴシックMD101L
- ナウ–GM
- 新ゴR
- 太ゴB101
- 見出ゴMB31

明朝体
- 明朝（※）
- リュウミンR-KL
- ナウ-MM
- 太ミンA101
- 見出ゴMB31

丸ゴシック体
- じゅん201
- 新丸ゴR

楷書体
- 教科書ICA R
- 正楷書体CB1

デザイン書体
- フォークR
- 丸フォークR

※「ゴシック」「明朝」はウェブフォント（p.197参照）形式では表示されません。

文字情報が多いビジネス系の作例

フッターの点検を忘れずに

フッターのメンテナンスをせずにJimdoの初期状態のままにしておくと、不要な情報が表示されたままになってしまいます。必ずチェックして表示・非表示をコントロールしましょう。JimdoProの場合は非表示にできる設定項目が豊富です。

○ 改善例

「概要」と「プライバーシーポリシー」は
公開しない予定だが表示されている

管理機能なのでユーザーには
見せたくない

● 初期状態のままのフッター。メンテナンスしていないページへのリンクも表示されてしまっている。

Cookie Policy | サイトマップ
©COSMOSTART All rights reserved.

● 不要な情報を非表示設定にし、コピーライトの表記を加えた。

✓ MEMO

フッターの表示項目は、［管理メニュー］から［基本設定］→［共通項目］の順にクリックし、［フッター編集］から設定できます（p.70参照）。JimdoFreeでは、非表示にできない項目もあります。

✓ POINT

Cookie Policyはフッターに自動的に作成され、非表示にはできません。また、JimdoFreeの場合はフッターにJimdoのロゴが表示され、非表示にはできません。

ウェブフォントについて

従来、ホームページの表示に使われるフォントは、ユーザーが見ているパソコンに搭載されているフォントが適用されていました。そのため、ウェブの世界では見る人によってホームページの見え方が少しずつ違うのが常識です。

最近ではウェブフォントを使用しやすい環境が整ってきたため、ホームページの側にフォントの情報を含められるようになりました。ウェブフォントを使用すると、ユーザーのパソコン環境に依存せず、作り手が意図したフォントで表示させることができます。

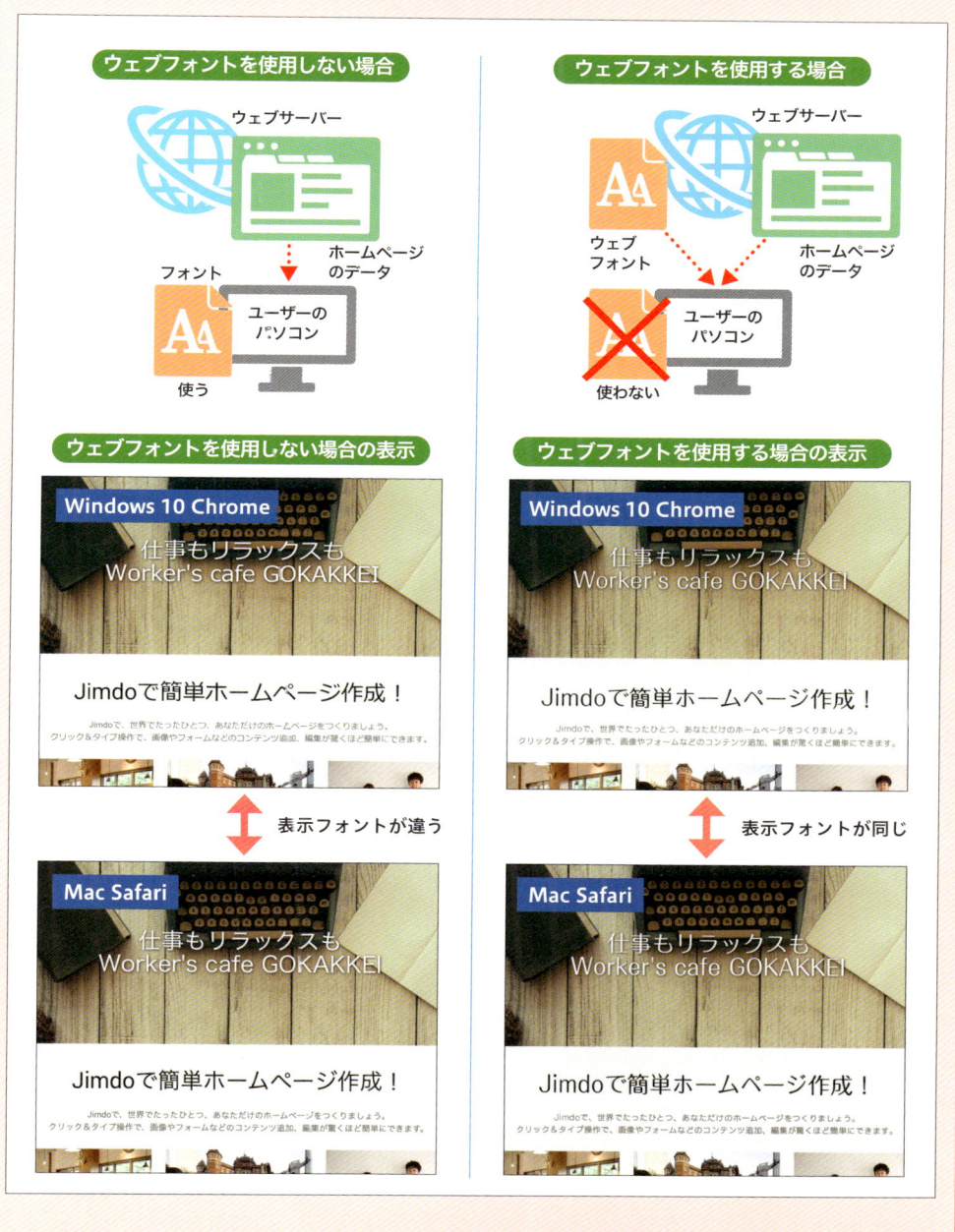

Jimdoでは、選択できるフォントの多くは「ウェブフォント」として適用されます。日本語フォントは JimdoPro 版から、欧文フォントは JimdoFree 版でも使用できます。

文章の表記ルールを統一

ホームページを作る時は、デザインだけでなく、掲載する文章にも気を使いましょう。文章の表記ルールを守ると統一感が出て、信頼できる印象になります。

1 全角半角の統一

一般的に、英数字は半角に統一します。半角カタカナは非公式な印象になるので使わないでください。記号は様々ですが、カッコ類は、日本語の文章の場合、半角だと少しずれるので全角にすると安定します。

2 ですます調、である調、を混ぜない

ですます調、である調などの語調や、使う用語、漢字の使い方などは、ホームページ全体を通して統一します。ページによって違う人が書いたかのようなバラバラの文章は、ユーザーからの信頼を損ない不安を与えてしまいます。

3 改行を勝手に入れない

ホームページはユーザーの見る環境に応じて自在に横幅が変わるように作られています。もし、文章の折り返し位置を改行で決めてしまうと、画面幅によっては中途半端な位置で改行されてしまいます。文章の折り返しはエリアの幅に任せ、自動的に折り返させるだけにしましょう。

改行で折り返しを決めた場合

> **ブラウザの幅**
>
> COSMOSTART［コズモスタート］は、特に小さな個人商店の商品やスタートアップのサービス、↵
> 町工場発のプロダクトなどの魅力を引き出すことを得意としています。確かな技術を持ちながら、↵
> PRや広報のノウハウや人員が足りないだけで機会を逃してはいないでしょうか。ぜひ、私たちに↵
> おまかせください。

> **ブラウザの幅**
>
> COSMOSTART［コズモスタート］は、特に小さな個人商店の商品やスタートアップ
> のサービス、↵
> 町工場発のプロダクトなどの魅力を引き出すことを得意としています。確かな技術
> を持ちながら、↵
> PRや広報のノウハウや人員が足りないだけで機会を逃してはいないでしょうか。ぜ
> ひ、私たちに↵
> おまかせください。

狭くなると

思いがけない位置で改行されてしまう

エリア幅で折り返す場合

> **ブラウザの幅**
>
> COSMOSTART［コズモスタート］は、特に小さな個人商店の商品やスタートアップのサービス、町工場発の
> プロダクトなどの魅力を引き出すことを得意としています。確かな技術を持ちながら、PRや広報のノウハウや
> 人員が足りないだけで機会を逃してはいないでしょうか。ぜひ、私たちにおまかせください。

> **ブラウザの幅**
>
> COSMOSTART［コズモスタート］は、特に小さな個人商店の商品やスタートアップ
> のサービス、町工場発のプロダクトなどの魅力を引き出すことを得意としていま
> す。確かな技術を持ちながら、PRや広報のノウハウや人員が足りないだけで機会を
> 逃してはいないでしょうか。ぜひ、私たちにおまかせください。

狭くなると

ブラウザ幅で自然に改行される

Chapter 8

便利な情報が多い
習い事・スクール系の作例

架空の子ども向けアート教室のホームページ作例をもとに、デ
ザインのよくある失敗例と改善策を9個の例で解説します。

[作例公開URL]
▶ https://kidsart-smile.jimdo.com/

8

作例 B

作例のデザイン解説

小規模の習いごとやスクール等の参考になるよう、子ども向けアート教室を想定してデザインした作例です。教室の魅力と正確な情報を伝え、教室に通う人のためのスケジュール告知にも活用します。

● 作例のデザイン概要

https://kidsart-smile.jimdo.com/

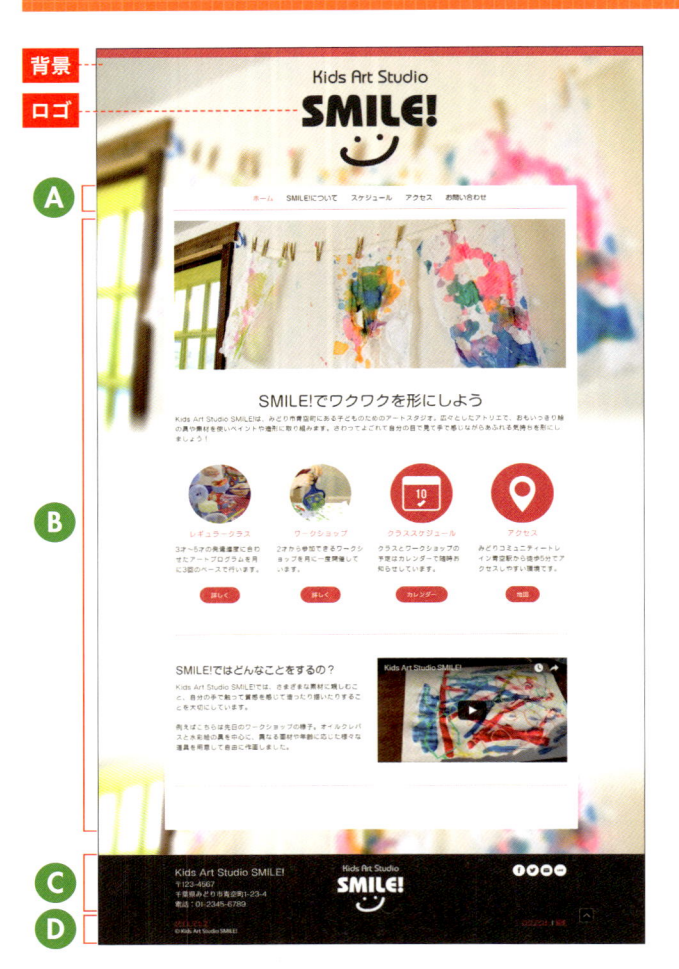

背景
ロゴ

A
B
C
D

デザインポイント

子ども向けであることと、アート教室の活気あふれる雰囲気や自由なコンセプトが伝わるように、素材や色、フォントを選びました。コンテンツ部のメインに配置した画像と同じ画像をぼかし加工をして背景に使いました。背景が画面全体に敷かれるタイプの印象的なレイアウトです。

デザインメモ

▶使用レイアウト／プリセット

Barcelona ／ Les Corts

▶使用フォント

見出し大・中・小：新丸ゴ R
テキスト　　　　 ：ナウ -GM
※フォント以外にもスタイルを変更している
　箇所があります。

▶デザイン要素の配置

Ⓐ ナビゲーション
Ⓑ メインコンテンツ
Ⓒ サイドバー
Ⓓ フッター

○ 作例のページ構成

◎ 作例のデザインポイント

このデザイン作例で解説する、よくあるデザインのNGポイントと改善ポイントをご紹介します。
詳しくは各解説ページを参照してください。

ホーム

全面背景の画像選びのコツ
背景画像が全面に広がるタイプのレイアウトでは、どんな画像を使うと効果的でしょうか?
▶ **Section01**

ぼかし効果のある画像を作る
Jimdoの画像編集機能を使って加工した画像を、ファイルとして保存します。背景画像に使用するための裏技です。
▶ **Section02**

繰り返しの技で
デザインを統一する
デザインのルールのひとつ「繰り返し」を覚えておくと、簡単に整ったデザインを実現できます。
▶ **Section03**

空きすぎたエリアは
カラムで活用
横方向のエリアを有効活用するには、カラムを使います。
▶ **Section04**

レギュラークラス

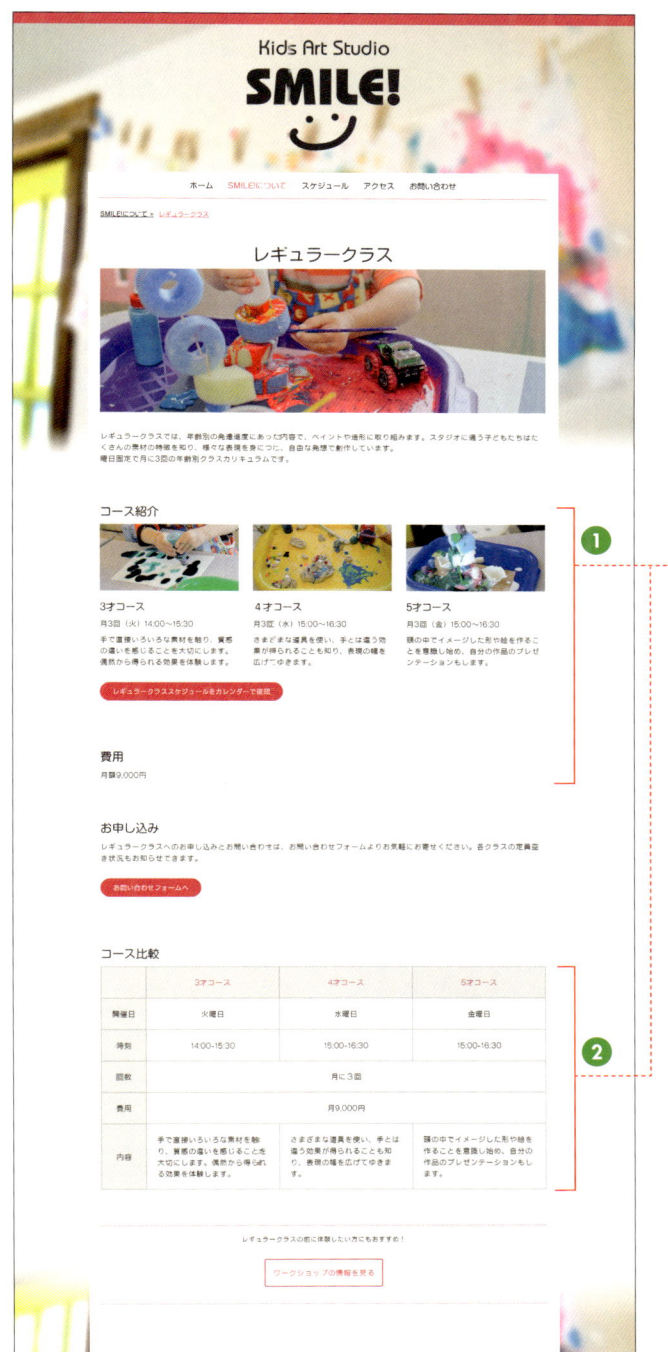

▶ Section05

表はスマートフォンに注意

大きなパソコンの画面では便利で見やすい表ですが、スマートフォンでどう見えているでしょうか？どんな表現が見やすくわかりやすいか検討してみましょう。

作例では、❶はカラムなど、❷は表を使って全く同じ内容を表現して比較できるようにしてあります。

ボタンで関連情報に移動しやすくする

コンテンツ内には、適宜関連情報へのリンクボタンを設置しておくと便利です。上部のナビゲーション以外にも移動の手段を用意しておきましょう。

▶ Section06

余白を使って見やすさアップ

余白はデザインにとても重要な要素です。余白のないデザインと余白をうまく使ったデザインを比べるとどんな違いがあるでしょうか?

▶ Section07

スケジュール

スケジュール告知に
カレンダーを使う

変動しやすいスケジュールの告知は意外と手間がかかるだけでなく、文字だけで記載すると間違いも多くなります。Google カレンダーを活用すると便利です。

▶ **Section08**

アクセス

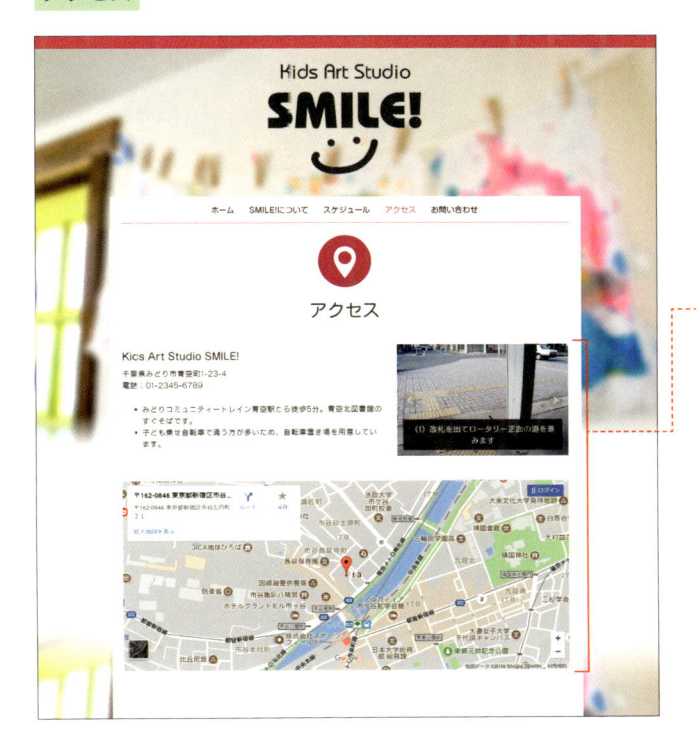

アクセス情報にひと工夫

わかりやすいアクセス情報を掲載することは、ユーザーにとって便利なだけでなく、道案内の問い合わせを減らすことにもつながります。

▶ **Section09**

8 section **01**

全面背景の画像選びのコツ

背景画像が背景全面を覆うレイアウトの場合、印象的な仕上がりにすることができますが、画像の選び方によってはうるさくなってしまう可能性もあります。いくつかのポイントをおさえておきましょう。

○ 改善例

Bad

- 背景に設定した写真の印象が強くコンテンツに目が行きづらい。
- いい写真でも、教室全体のイメージ表現にはふさわしくない。

▶ 使用した画像

Good

- 明るく開放的な教室のイメージが伝わる。
- ぼかし効果を加えた写真を使用したので、うるさくない。

▶ 使用した画像

● 背景で様々に変わる印象

Jimdoのレイアウトでは、ここで使用している「Barcelona」のように、指定した背景画像が、画面の背景全面を覆うタイプのものがあります。全面背景の場合、模様や材質などのパターン系の画像を背景に指定すると、すっきりとした印象になります。また、画像ではなくカラーの指定もできます。コンテンツエリアと少しだけ違う落ち着いた色を背景に指定すると、手前にカード状にコンテンツが置かれているような演出ができます。

壁のようなパターンの画像を指定

コンテンツエリアと少し違う色を指定

✓POINT

模様や材質などのパターン系の画像の場合も、教室の趣旨や雰囲気に関連するものを選ぶようにしましょう。

コンテンツエリアの背景と同じ色を設定すると、背景部分とコンテンツ部分に境目がなくなり、広々とした印象になります。逆に強い色を背景に使用すると、個性的な演出ができます。

コンテンツエリアの背景と同じ色を指定

主張の強い色を指定

✓MEMO

背景を設定するには、[管理メニュー]から[デザイン]→[背景]をクリックします（p.53参照）。

8

section
02

ぼかし効果のある画像を作る

作例の背景では、ぼかし効果のある画像を使用しました。ここでは、Jimdoの画像編集機能を使って、画像を加工してファイルとして保存する方法をご紹介します。少し裏技的な方法です。

○ 改善例

Bad

● 背景に使用するにはくっきりしすぎていて少し目立ちすぎる。

▶ 背景に設定したところ

Good

● ぼかしを入れることで印象をやわらげ、主張を弱くすると、コンテンツエリアに目が行きやすくなる。

▶ 背景に設定したところ

● 画像にぼかしを入れる

作成中のページのどこかに［画像］を追加して、ぼかし加工をしたい画像を仮に配置します。［画像を編集］をクリックし、［効果］→［Classic］→［Soft Focus］の順に選択します。

画像にぼかし効果がかかるので、［適用］-［保存］と進み、変更を保存します。ぼかし方が足りない場合は、もう一度［Soft Focus］をかけます。最後は画像ツールの［保存］で確定します。

画像を仮配置したページを、正式なURLでブラウザで表示します。ブラウザ上で、ぼかし加工済みの画像を右クリック（Macでは Control ＋ クリック）して、パソコン上に保存します。この画像ファイルを［背景］に登録（p.53参照）すれば、ぼかし加工済の画像を背景にすることができます。

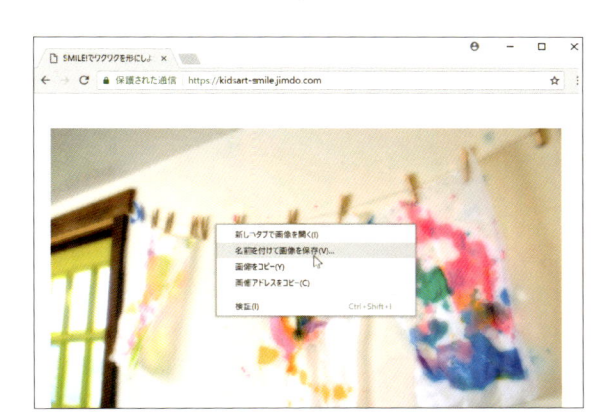

✓ **POINT**

加工のために登録した画像は実際のホームページには不要なので、忘れずに編集画面から削除しましょう。

8

8

section 03

繰り返しの技で
デザインを統一する

同じパターンを繰り返すと、デザインにリズムができ安定感が増します。つい変化をつけようといろいろなことをしてしまいがちですが、同列の情報を並べる時はルールを決めましょう。情報を読み取りやすくなります。

◯ 改善例

Bad

● 4つの画像サイズや形がバラバラで統一感がなく雑然としている。

Good

● 画像の形を全て丸に加工し、サイズをそろえてまとまりがよくなった。

画像を加工してサイズをそろえる

例のように、画像を丸く加工してサイズを合わせる方法を紹介します。

p.90を参照して「フォトエディター」を表示し、[Overlays]→[Original]の順にクリックします。

左から2番目を選ぶと白地に丸い形で切り抜けるので、位置とサイズを調整して、[適用]→[保存]の順にクリックします。

✓ MEMO

円の周りの白い枠も画像の一部になります。コンテンツエリアの背景が白くないと枠が見えてしまいます。

8

画像が加工されたら、画像設定ツールで[縮小]をクリックしてサイズを調整し、[中央揃え]にします。ほかの画像も同じ手順で加工します。

画像の形とサイズがそろうだけで全く印象が変わります。

✓ MEMO

作例の丸い画像は、画像登録後に画像のサイズを[ページに合わせる]にしてから[画像を編集]で丸く切り抜き、その後[縮小]を2回クリックしました。

8

section 04

空きすぎたエリアはカラムで活用

YouTube動画などのコンテンツを適度なサイズで掲載すると、横のスペースが空きすぎてバランスが悪くなってしまうことがあります。カラムを使えば、横のスペースを有効に使ってデザインを整えられます。

○ 改善例

Bad

Good

● 動画を配置したものの、間が抜けた感じがする。

● カラムを使って文字情報と動画を並べるとおさまりがよい。

✓POINT

この例とは逆に、Googleマップなど全面に配置されるタイプのコンテンツの表示範囲を狭く区切りたい場合にもカラムは便利です。横方向にエリアを区切りたいときは積極的に利用してみましょう(p.97参照)。

カラー設定ツールの使い方

文字色など色を指定する場面では、カラー設定ツールが表示されます。このツールで色を選ぶ方法は3通りあるので、その特徴を紹介します。

❶ カラーパレットから選ぶ

あらかじめ候補の色がパレット上に並んでいるので、好みの色を選択します。

❷ 色相を選び、明るさ・鮮やかさを選ぶ

まず色相のバーで色の種類を選び、好みの明るさ・鮮やかさをエリアから選びます。 同じ色相でも、明るさ・鮮やかさの違いで色の印象が大きく変わります。

❸ 数値で指定する

図のように「rgb(***, ***, ***)」という形式で RGB 値を指定します。例えば黒は「rgb (0, 0, 0)」、白は「rgb(255, 255, 255)」、原色の赤は「rgb(255, 0, 0)」です。なお、16 進数という形式で入力することもできます。16 進数は 6 個の英数字で表記する色 のコードで、例えば白は「ffffff」、黒は「000000」、原色の赤は「ff0000」です。16 進数を入力した場合、 Enter キーを押すと RGB 値の表示形式に変換されます。

これら3つの選択方法は連動していて、例えば上図はカラーパレットで緑色を選んだところですが、色相のバーと明るさ・鮮やかさの選択位置、数値もその緑色を示しています。

色を指定できたら [色を選んでください] をクリックすると、カラー設定ツールが閉じます。

相性の良い色の見つけ方はp.224、色が与える印象についてはp.235で解説しています。

8

表はスマートフォンに注意

表は沢山の情報を整理して比較表示するのにとても便利です。ただし、情報量の多い表は、スマートフォンでホームページを閲覧するユーザーにとっては必ずしも見やすいとは限りません。

改善例

Bad

●表形式の情報は PC であればわかりやすいが、モバイルだと非常に読みづらい。

Good

●カラム形式の情報は一覧性に乏しい反面、モバイルでも無理なく情報が読める。

○ 端末での見え方の違い

全く同じ情報を、「表」で表現した場合と「カラム」で表現した場合を比較してみます。「表」はパソコンでは一覧性がありとても見やすいのですが、モバイルでは横幅が圧縮されて画面に横スクロールが出現するため大変見づらくなります。「カラム」を使用すると、モバイル表示でも見やすいデザインが保てます。また、Jimdoの「表」は画像を入れられませんが「カラム」には入れられます。

表の表示（パソコン）

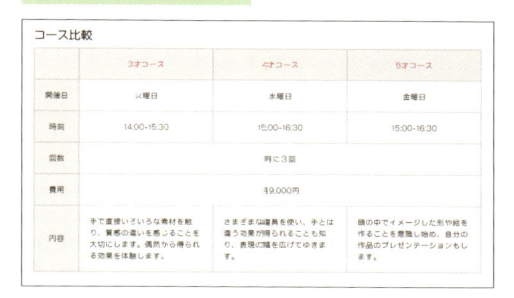

カラムの表示（パソコン）

表の表示（モバイル）

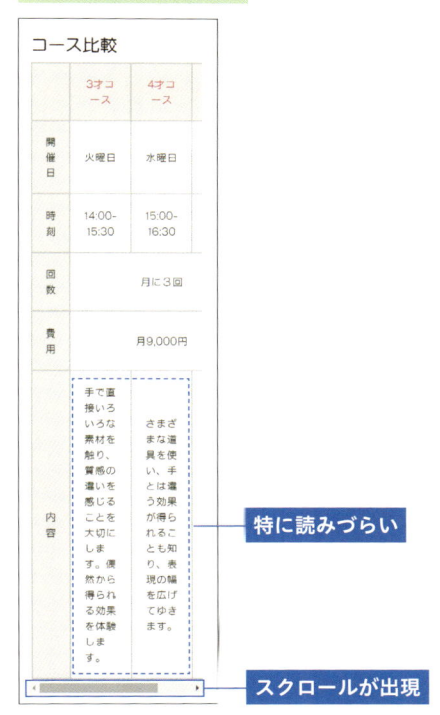

カラムの表示（モバイル）

カラムが縦積みに

特に読みづらい

スクロールが出現

✓MEMO

表の利用が絶対にダメというわけではないので、内容に応じて表にするのかカラムなど別の表現にするのかを検討しましょう。また、Jimdoのモバイルプレビューだけでなく実際のスマートフォンでも確認してみましょう。

便利な情報が多い習い事・スクール系の作例

ボタンで関連情報に移動しやすくする

ユーザーが必ず上部のナビゲーションを使ってくれるわけではありません。コンテンツエリアにも、適宜ボタンを設置して、関連する情報のページに移動できるようにしておきましょう。

○ 改善例

Bad

Good

● 情報はきれいに並んでいるが、上部のナビゲーションからしか移動できない。

● 適宜関連ページに誘導するボタンがあるので、すぐに情報にアクセスできる。

◯ ページ移動のルート

画面上部のナビゲーションだけでもページ移動は可能ですが、コンテンツエリアの内容に応じて適切なページへのリンクが設置されていると、情報が見つけやすくとても便利です。ユーザーの立場になって、使いやすさをチェックしましょう。

✓MEMO

リンクを設置するのに「ボタン」はとても便利です。レイアウトごとにボタンのスタイルが3種類ずつ用意されているので、設置箇所や意味合いに応じて使い分けるとよいでしょう。

8

section 07

余白を使って見やすさアップ

「余白」はあまり重視されていないもののひとつかもしれません。ところが、デザインにとって余白というのはとても重要です。人の目が情報を読むリズムを作ることができるので、意識して使ってみましょう。

○ 改善例

- 余白を全く使用せずにコンテンツを並べただけの状態。情報の区分がわかりにくい。

- 適宜余白を入れているので、見やすく情報のまとまりが見えやすい。

◯ 余白を使いこなすコツ

余白はコンテンツとして追加し、数値入力か境界線のドラッグでサイズを設定します（p.105参照）。

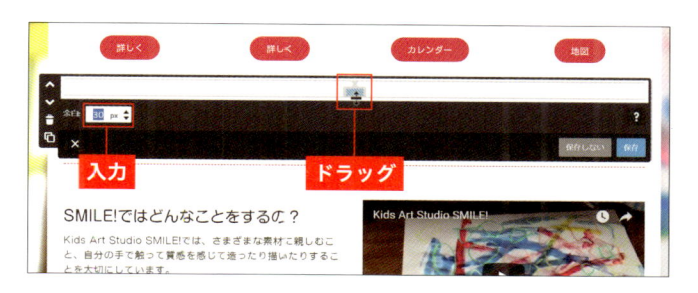

サイズの単位は「px（ピクセル）」です。あまり細かい数値で調節するとわからなくなってしまうので、10ピクセル単位程度でパターン化して使いましょう。

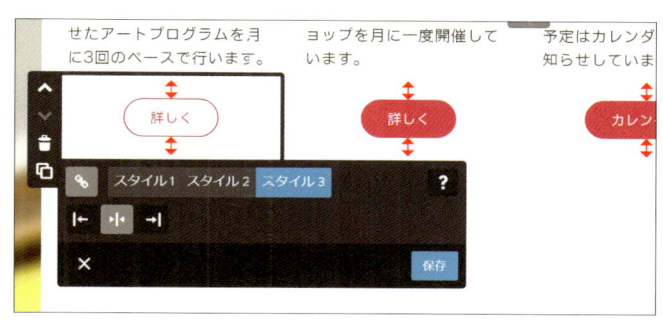

なお、「ボタン」のように、コンテンツ内にあらかじめ適度な余白がセットされている場合があり、この余白は変更できません。

別の例も見てみましょう。以下のページでは20pxと50pxの2種類の余白を設定しています。余白によって内容の区分がはっきりしたことがわかります。

余白がないので区切りがわかりにくい

適度の余白でリズムとゆとりがある

ホームページ作成に使用する画像について

Jimdoのレイアウトは、同じレイアウトでも、背景画像の選び方や、コンテンツに掲載する画像の選び方次第で、かなり印象が変わります。

Jimdoでは、自由に使用できる画像素材を無料で提供していて、以下のURLのページからダウンロードできます。

▶ https://jp-help.jimdo.com/design/allaboutimages/

本書では、第3章から第6章の作例「Worker's Cafe Gokakkei」で使用している画像と、第7章の作例「COSMOSTART」の背景画像は、ここから使用しています。Jimdoが提供している画像素材は限られていますが、質の良い写真素材やイラスト素材を販売しているウェブサービスがいくつもあるので、好みの画像素材を購入することができます。価格は様々で、無料で画像を提供しているサービスもあります。写真の使用権利をよく確認して利用しましょう。

カフェやショップなどリアルな店舗がある場合や、個人の顔を見せることが重要な業種の場合、写真の撮影が必要です。質のよい写真を手に入れるにはプロに撮影してもらうのが確実です。価格もデータの扱いも様々ですから、事前によく相談して依頼しましょう。写真撮影の知識がありいいカメラがある場合は、ご自身で撮影してもよいでしょう。

デジタルカメラやスマートフォンで高画質で撮影した画像をそのままJimdoに登録しようとすると、画像サイズが大きすぎてファイルサイズが重く、登録時にエラーが出る可能性があります。エラーが出なくても、例えば、背景画像やクリックで拡大できる画像に大きすぎる画像を登録していると、ホームページの表示が重くなる原因にもなります。あまりにも大きな画像の場合、元の画像は別に保存しておき、ある程度画像サイズを調整してから登録しましょう。

登録用の画像サイズは、背景画像であれば横幅1600ピクセル〜2000ピクセル程度を目安にします。コンテンツエリアに配置する画像は、コンテンツエリアの横幅いっぱいに使用したい場合、横幅1100ピクセル〜1200ピクセル程度が目安です。なお、小さすぎる画像を大きくすることはできないので、注意してください。画像サイズの簡単な確認方法はp.55のPOINTで紹介しています。

画像サイズの変更は、Windows 10では「ペイント3D」、Macでは「プレビュー」でできます。画像サイズは単位を「ピクセル」にして確認し、サイズ変更の際には画像の縦横比が変わらないようにしてください。画像の保存形式は写真の場合「JPG」、イラストやグラフィックの場合は「PNG」を使用します。

便利な情報が多い習い事・スクール系の作例

スケジュール告知に
カレンダーを使う

クラスのスケジュールをホームページで告知したり常に最新の状態を表示したりといったことは、意外に手間がかかります。Googleカレンダーを掲載すると、Googleカレンダー側で更新すればよいので、管理しやすくなります。

○ 改善例

Bad

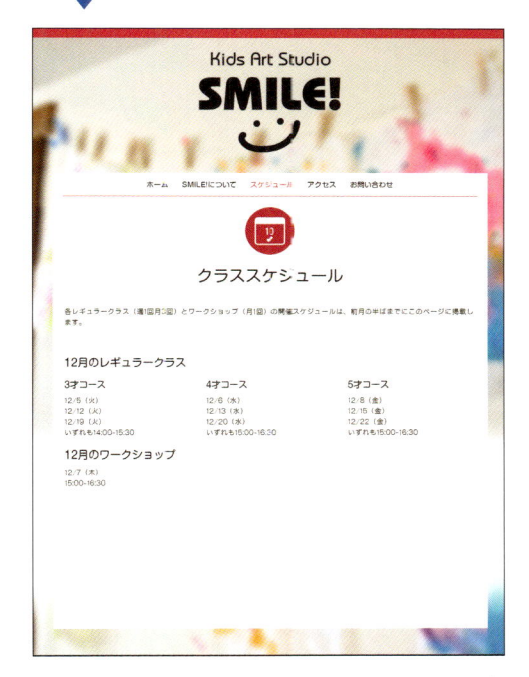

Good

● テキストで表示させても情報は伝わるが、印象に残りにくい。

● カレンダーのスタイルで見ると一目瞭然でわかりやすい。

✓MEMO

Googleカレンダーを利用するにはGoogleアカウントが必要です。掲載方法は、p.120を参照してください。もし、Googleカレンダーを利用すること自体が難しく面倒に感じる場合は、無理に使う必要はありません。

アクセス情報にひと工夫

教室やショップなど実際に人が来る場所のホームページは、アクセス情報が重要です。地図や写真を活用し、少しでもわかりやすくする工夫を行いましょう。ここではその一例をご紹介します。

⚪ 改善例

Bad

手描き地図をスマートフォンで撮った画像

● 手書きの地図を写真に撮って使ったが、安っぽく素人っぽい印象になってしまった。

Good

フォトギャラリーの応用

Googleマップ

● Google マップを使用して利便性を高め、道順案内にフォトギャラリーを応用した。

✓MEMO

Google マップを利用すると、正確な地図を簡単に入れられて非常に便利です（p.119参照）。事務的な印象の地図なのでデザインのテイストは合いませんが、プロフェッショナルな印象は保つことができます。

○ フォトギャラリーで道順を説明する

道順の説明に、「フォトギャラリー」を使用するアイディアをご紹介します。「フォトギャラリー」の「スライダー」タイプは、スライドのように写真を順に表示させ、キャプションも出るので、道順の説明などに使用するのに便利です。Goodケースでは2列のカラムを用意し、左側に説明テキストを、右側にフォトギャラリーを入れています。

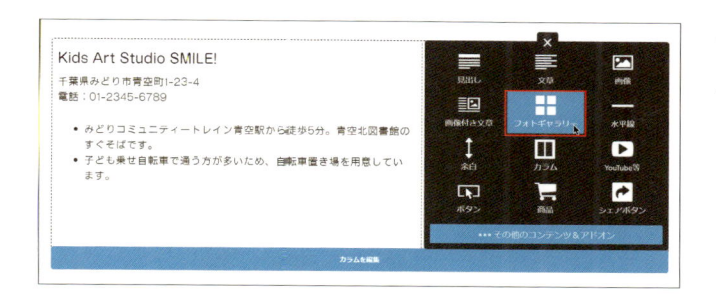

編集画面で2列のカラムを作成し、左60%、右40%程度の幅にします。右側カラムにコンテンツを追加し「フォトギャラリー」をクリックします。

[スライダー]をクリックして説明に使用する画像を全て追加し、「サムネイル表示」と「拡大表示」をオフに設定します。

[リスト表示] をクリックし、写真ごとのキャプションを入力して保存します。写真とキャプションが一緒に表示され、順路がよりわかりやすくなります。

8

相性のよい色の見つけ方

Jimdoのレイアウトでは、たいていメインとなるひとつの色が繰り返し使われて統一感を出しています。このメインカラーに加えて別の色も使いたい場合、相性のよい色を選ぶのが重要です。

相性の良い色を選ぶには、色相環を使います。色相環は、色を円上に並べたものです。ここでは相性の良い色を選ぶ法則を2つ紹介します。

▶ **近い色**
隣り合った色同士は相性が良く、自然になじみます。

▶ **反対の色**
ちょうど反対側にある色同士は相性が良く、違いが際立ちます。

色相環でメインカラーの位置を確認し、そこを基準に相性のよい色を選びましょう。

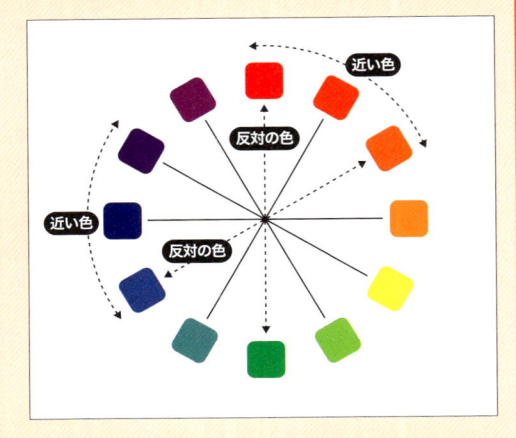

メインカラーが ■ の場合と ■ の場合を例に、相性の良い色を選んだ例をご紹介します。色相環では鮮やかな色が使われていますが、明るさや鮮やかさが変わっても、同じ法則で選べます。

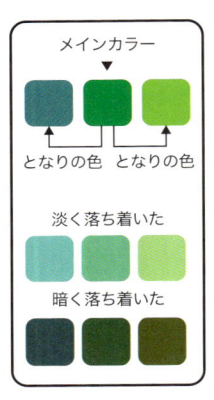
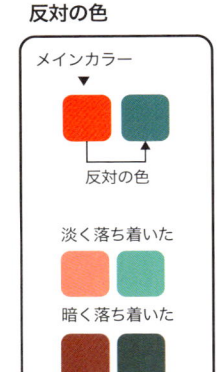
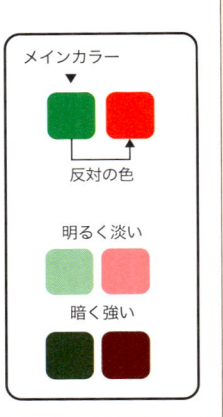

Jimdoのカラー選択ツールには、右側に色の種類（色相）を選ぶバーがあります。色相環と違い縦にならんでいますが、ここで色相を決め、隣のエリアで明るさと鮮やかさを選びます。同じ色相に明るさや鮮やかさの違う様々な色があることがわかります。

カラー設定ツールの使い方はp.213、色が与える印象についてはp.235で解説しています。

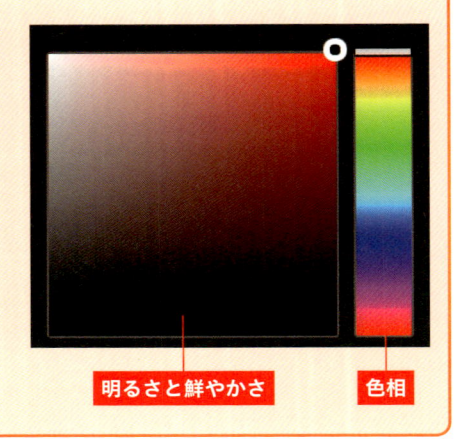

Chapter 9

写真が多い
飲食店・ショップ系の作例

架空のベーカリーカフェのホームページ作例をもとに、デザインのよくある失敗例と改善策を10個の例で解説します。

［作例公開URL］
▶ https://tocotto.jimdo.com/

9 作例 C

作例のデザイン解説

飲食店や雑貨店など写真で魅力を伝えたいホームページの参考になるよう、架空のカフェを想定してデザインした作例です。お店の雰囲気とホームページのデザインや掲載写真の雰囲気を合わせ、お客さんの期待値を高めます。

○ 作例のデザイン概要

https://tocotto.jimdo.com/

背景

ロゴ

A

B

C

D

デザインポイント

背景写真とロゴが印象的に見せられるレイアウトを選び、背景をスライドにしてカフェの雰囲気を伝えています。全体的に写真をたくさん使用してメニューや店舗に興味を持ってもらえるようにしました。一部の見出しは英語表記だけに使う想定で、特徴のある欧文フォントを指定しました。

デザインメモ

▶ 使用レイアウト／プリセット

Zurich ／ Zurich

▶ 使用フォント

見出し大・小：Nova Round
見出し中　　：ナウ-GM
テキスト　　：ナウ-GM
※フォント以外にもスタイルを変更している
　箇所があります。

▶ デザイン要素の配置

Ⓐ ナビゲーション
Ⓑ メインコンテンツ
Ⓒ サイドバー
Ⓓ フッター

作例のページ構成

トップページ
ホーム

第1階層
営業のご案内

メニュー

お問い合わせ

第2階層
パン

カフェ

ドリンク

イベント：メロンパン祭

作例のデザインポイント

このデザイン作例で解説する、よくあるデザインのNGポイントと改善ポイントをご紹介します。
詳しくは各解説ページを参照してください。

ホーム

背景画像をスライドショーにする

スライドショーにすると、メインの画像を複数見せることができて便利です。

▶ **Section01**

ショップのイメージに合う色を選ぶ

レイアウトのメインカラーは、お店の雰囲気に合っているでしょうか？ 色の持つ印象を知っておきましょう。

▶ **Section02**

画像の配置と縦横比をそろえる

いい写真を使っているはずなのになんだか冴えないと感じる場合は、配置とサイズを確認してみましょう。

▶ **Section03**

ダウンロードできるクーポンを設置する

PDFでクーポンを作ってダウンロードできるようにします。資料やパンフレットにも応用できます。

▶ **Section04**

カラムを使いこなしてデザインする

カラムをうまく使うと、情報にメリハリをつけて変化のあるデザインができます。

▶ **Section05**

パン

**フォトギャラリーで
写真を魅力的に見せる**

たくさんの写真を見せるときにはフォトギャラリーがとても便利です。掲載したい写真が魅力的に見えるスタイルを選びましょう。

▶ **Section06**

9

カフェ

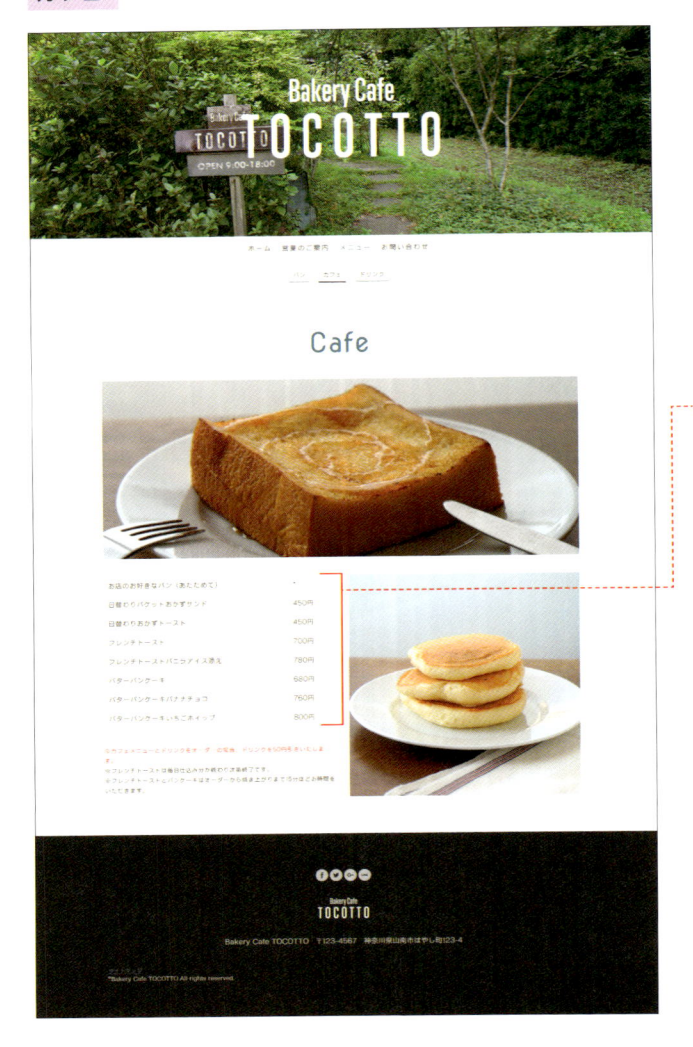

表を「表らしくなく」使いこなす

罫線の入った表は事務的な印象になりがちです。罫線の無い表を、文字の位置合わせに使ってみましょう。

▶ **Section07**

ドリンク

お問い合わせ

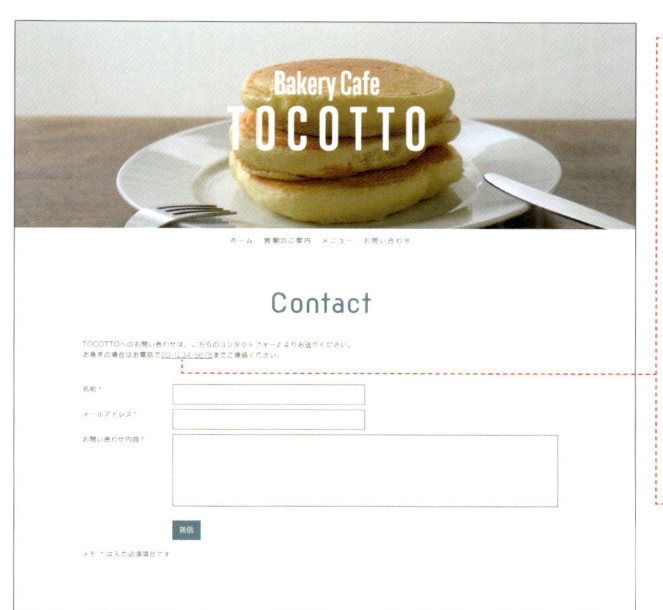

電話をかけるリンクを設定する

電話番号をタップするだけで電話をかけられるリンクの作り方をご紹介します。少し手間がかかりますが、スマートフォンにとっては便利な機能です。

▶ **Section08**

イベント：メロンパン祭

特別なイベントは専用ページを作る

期間限定のイベントやキャンペーンなどは、その期間だけ独立したページを作っておくと、情報を管理しやすくなります。

▶ **Section09**

Jimdoの画像編集機能でバナーを作成する

Jimdoの画像編集機能を使えば、簡単な手順でバナーを作ることができます。

▶ **Section10**

ホーム側バナー

9

section
01

背景画像をスライドショーにする

扱っているメニューや商品が多い店舗などでは、メインに見せる画像を1枚に絞るよりも複数見せた方が効果的な場合があります。複数の画像で訴求したい場合、背景を「スライド表示」にしてみましょう。

○ 改善例

Bad

- 1枚の静止画像でもよいが、パンケーキの印象が強すぎてしまい、パン屋のイメージがない。

✓ MEMO

取り扱いメニューや商品が幅広くても、1枚の象徴的な写真でショップのイメージを表現できるならスライドにする必要はありません。

Good

- スライドにすると、パン屋、カフェのイメージ両方を無理なく盛り込めるだけでなくショップの外観も伝えることができる。

○ 背景用のスライドを作成する

背景をスライドにするには、背景の設定ツールで＋をクリックして[スライド表示]を選択します。

スライドにしたい画像を全て追加して各種設定をし、[この背景画像を全てのページに設定する]をクリックしたうえで[保存]します。

○ スライドショー作成時の注意

スライドで見せる場合、写真全体の統一感も重要です。1点だけ色が悪かったり雰囲気が違ったりするだけで、全体のイメージが悪くなってしまいます。一瞬しか見えないからと適当に選ぶのではなく、質の良い同じ雰囲気の写真を選びましょう。

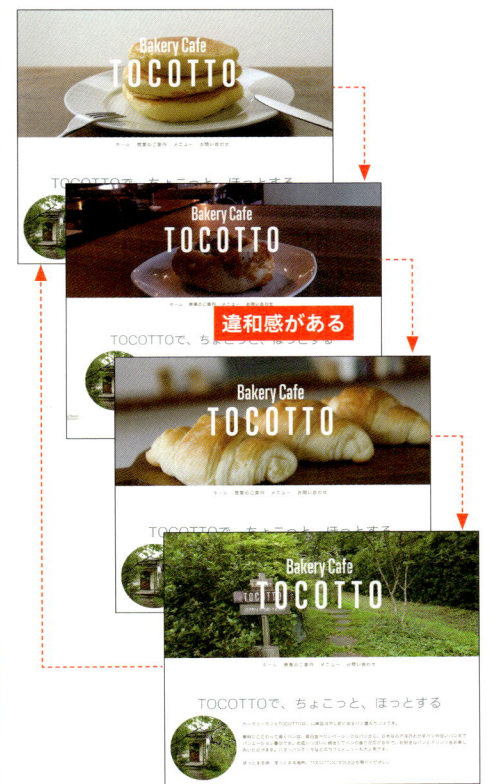

9

section 02

ショップのイメージに合う
色を選ぶ

素敵な写真が入っていたとしても、レイアウトの多くを占めるメインカラーがショップや業態のイメージとかけ離れていると全く違う印象を受けてしまいます。どの色がどんな印象を与えるのか、ある程度法則があるので知っておくと便利です。

○ 改善例

Bad

Good

- 鮮やかなピンクと黄色。カフェの落ち着いた雰囲気とはかけ離れている。
- 写真の印象とも異なり、食べ物を扱う業態のイメージにも合わない。

- 青緑系の暗くて落ち着いた色。カフェのくつろげる雰囲気や店舗イメージに合う。
- 1色に統一しているので写真の邪魔をせず、写真が活きる。

◯ 色を変更する

レイアウトにあらかじめ設定されているメインカラーを変更するには、［スタイル］設定画面（p.63参照）で「詳細設定」をオフにして、「カラー」を好みの色に設定します。もし、部分的に変更したい箇所があれば「詳細設定」をオンにして個別に色を指定し直してください。

◯ 色の与える印象

Jimdo のカラー選択ツールは、右側のスライダーで、赤・青・黄のような色相（色の種類）を選ぶと、左の正方形部分に明るさと鮮やかさのバリエーションが表示されます。明るさや鮮やかさによって色の印象は様々に変化します。どのエリアがどんな印象を持つのかを、下の図で紹介するので、色を選ぶ時の参考にしてください。図は色相が赤ですが、他の色相になっても、エリアごとの印象は同じです。

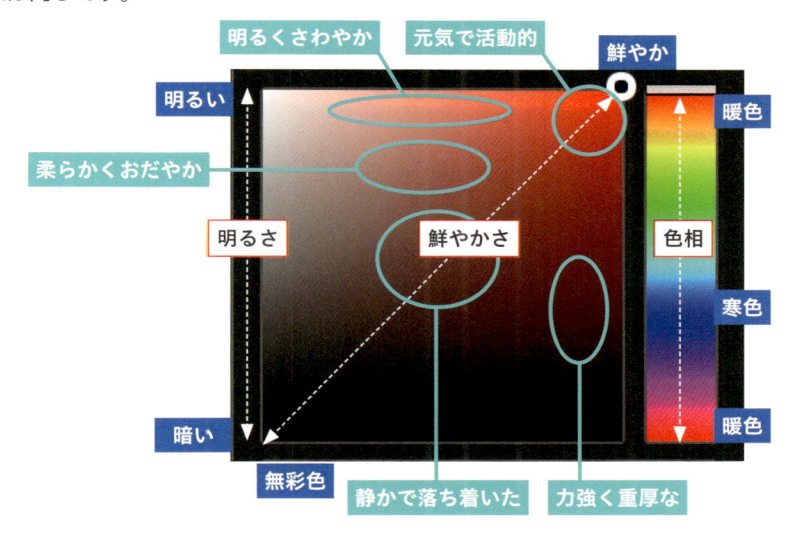

なお、色相自体にも性格があり、例えば寒色の青系は冷たい印象、暖色の赤系は暖かい印象があります。色の印象には、上の図で示したエリア別の印象と、色相自体が持つ印象の両方が影響しています。以下に、分野によってよく使われる色の傾向をご紹介します。その分野が表現したいイメージと、色の持つ印象が一致していることがわかります。

医療系

「明るくさわやか」エリア
色相は青系

IT系

「元気で活動的」エリアと「力強く重厚な」エリアの間
色相は青、オレンジ系

ナチュラル系

「静かで落ち着いた」エリア
色相は赤、黄、緑系

画像の配置と縦横比をそろえる

写真のクオリティに問題がなくとも、並べ方ひとつでおさまりが悪くなり、大きく印象を損なってしまいます。画像を並べるときは、サイズや縦横比、配置を意識してそろえると、デザインが安定し、洗練された印象になります。

○ 改善例

Bad

- 画像のサイズ、縦横比率、配置の寄せ方がどれもバラバラで落ち着きがない。

Good

- 画像がそろったのでエリアの区分がはっきりして見やすくなった。情報の信頼感も上がる。

● 画像はエリア幅いっぱいに広げる

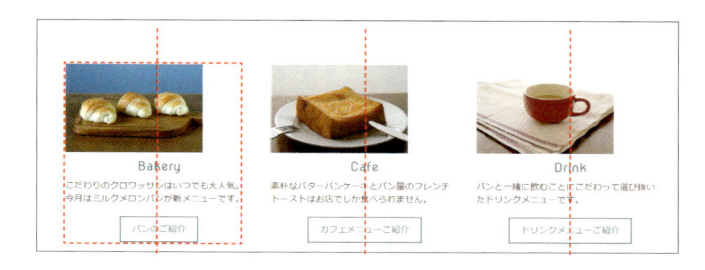

この例は、同じサイズ、同じ縦横比率の画像が並んでいて一見整っているようですが、各エリアを四角形で囲ってみると、写真のサイズが小さく、左寄せになっているのがわかります。見出しやボタンの中央揃えと合っていません。

画像の設定ツール（p.87参照）で［ページに合わせる］をクリックするとエリアの範囲いっぱいに画像が拡大されます。エリアの横幅全体に画像があると配置が安定します。

● 画像の縦横比率を整える

この例は、横幅がエリア内にぴったりおさまっていますが、縦横比がそろっていないので水平方向の位置が合わず安定しません。

画像の設定ツールで［画像を編集］（p.90参照）に進み、［切り抜き］を選択して好みの比率をび、位置とサイズを調整して［適用］→［保存］します。3つの画像全てを同じ比率で切り抜けば水平方向の位置が整います。

✓ MEMO

線が描かれていなくても線が見えてくるような配置は、安定して整理された印象があります。

9

section
04

ダウンロードできる
クーポンを設置する

ホームページにクーポンなどを掲載したい時、PDF などで作成したクーポンを登録できると便利です。「ファイルダウンロード」機能を利用すると、PDF や画像などのファイルをダウンロードできるボタンを簡単に設置できます。

○ 改善例

Bad

- 割引の情報を掲載しているが、口頭で伝えることにしているのでレジでの混乱が予想される。

Good

- PDF で作成したクーポンをダウンロードできるようにした。印刷した用紙かスマートフォンの画面で見せてもらうとレジでの混乱が減る。

● ファイルをダウンロード可能にする

編集画面でコンテンツを追加し、[その他のコンテンツ&アドオン]を表示して「ファイルのダウンロード」をクリックします。

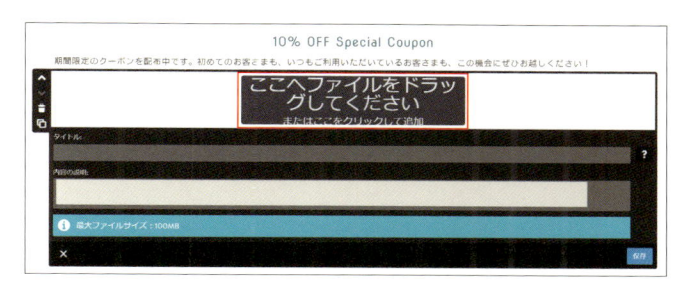

表示されるツールの「ここへファイルをドラッグしてください」部分にダウンロードさせたいファイル（作例ではcoupon.pdf）をドラッグして登録します。

「タイトル」と「内容の説明」を入力し、[保存]をクリックします。

ダウンロードボタンが作成され、登録したファイルが配布できるようになります（p.118参照）。

9

✓POINT

クーポンは「PDF」ファイルでなくても構いません。例えば「.png」や「.jpg」等の画像ファイルでクーポンを用意しても、同様にダウンロードボタンが設置できます。ただし、Wordファイル（.docx）など、特定のアプリケーションがないと開けない形式にすると、見られない人もいるので気を付けましょう。

カラムを使いこなして デザインする

Jimdoでは縦方向にコンテンツを積んでいきますが、横幅いっぱいにコンテンツが広がると大きすぎると感じる場合もあります。ここでは、縦に並んだコンテンツを2つのカラムにおさめる手順をご紹介します。

○ 改善例

Bad

● 横幅いっぱいに広がっていても特に問題ないが、たまたま期間限定のコンテンツがふたつ続くので、コンパクトに隣り合わせに並べてもよい。

Good

● カラムにおさめるとコンパクトにまとまりすっきりした。ただし、一方の情報を削除する際にはカラムが不要になりデザインの変更が必要なので、メンテナンス面ではデメリットでもある。

✓MEMO

公開している作例ホームページでは、このカラムレイアウトは適用していません。

○ 作成済みのコンテンツをカラムにまとめる

編集画面でコンテンツを追加し、[カラム]をクリックして2列均等のカラムを配置します（p.98参照）。

コンテンツにマウスポインターを合わせると、移動を示す ✛ が表示されるので、ドラッグして片側のカラムのエリアに移動させます。

コンテンツがカラムに移動します。移動させたい残りのコンテンツも順にカラム内に移動させます。

片側のカラムへの移動が終了したら、同様にもう一方のカラムにコンテンツを移動させます。

✓ MEMO

コンテンツをドラッグで移動させることに慣れると、様々なデザインを試しやすくなります。

9

section 06

フォトギャラリーで
写真を魅力的に見せる

写真をたくさん見せたい場合、そのまま並べるよりもフォトギャラリーを使うと写真が際立ち効果的です。写真の入れ替えやキャプション設定が簡単なので管理もしやすく便利です。

○ 改善例

Bad

Good

● カラムと画像付き文章でも情報は表現できるが、少し事務的な印象。パンの写真よりも説明が目に入ってしまう。

● フォトギャラリーを利用すると写真が際立つ。文字情報も拡大時にキャプションとして表示される。

○ フォトギャラリーを設置する

編集画面でコンテンツを追加し「フォトギャラリー」をクリックします。

表示スタイルを選択（例では「横並び」）し、ギャラリーに載せたい画像を追加して「表示サイズ」「余白」を好みの値に設定します。

✓ **MEMO**

フォトギャラリーの詳細はp.113を参照してください。

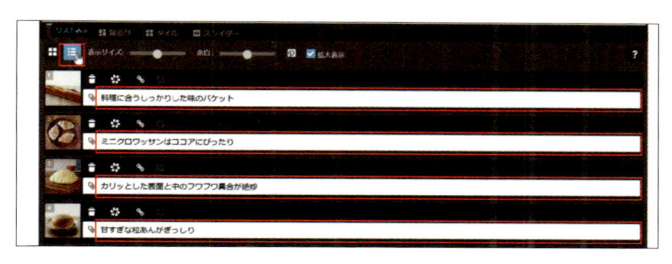

[リスト表示] ▦ をクリックして各画像のキャプションを設定して保存すると、フォトギャラリーが作成されます。

拡大表示時

図は、フォトギャラリーの画像の拡大表示時の画面です。設定したキャプションが写真の下に表示されているのがわかります。

✓ **MEMO**

パンの価格表など、文字情報が重要な場合は、フォトギャラリーは向きません。例の場合、パンの全体的な魅力を伝えようとしているので、フォトギャラリーでの見せ方が効果を発揮しています。
フォトギャラリーは、飲食系なら料理や店舗のインテリア、教室系なら作品集やクラスの様子など、複数の写真を見せて惹きつけたい場合に適しています。

9

9

section 07

表を「表らしくなく」使いこなす

表は罫線を入れて見やすくわかりやすく使用することもできますが、事務的な印象になりがちです。あえて罫線を入れずに、文字の位置合わせのためだけに使用することもできます。

● 改善例

Bad

表（罫線あり）

- 罫線付きの表はいかにも事務的な印象でカフェのイメージに合わない。
- 表が横に広すぎでとても見づらい。

Good

表（罫線なし）

画像

2列のカラム

- 罫線の無い表を使用して、すっきりとした見た目のまま値段の位置を合わせた。
- 表の表示幅を狭くするため2列のカラムを利用し、右側に大きく印象的な写真を入れた。

カラムの中に表を入れる

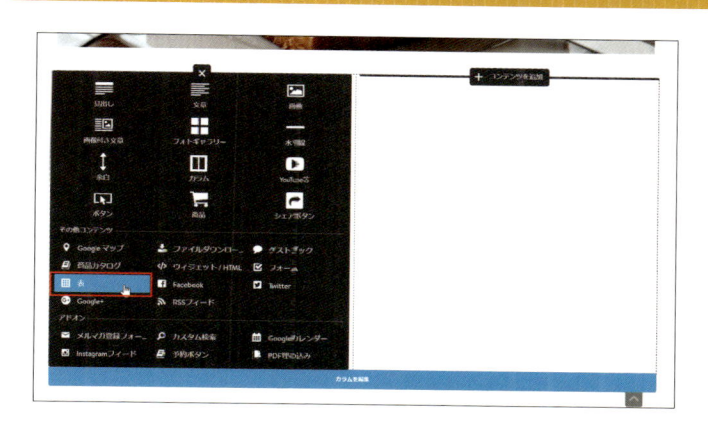

2列のカラムを設置し、左側のカラムに「表」を追加します。

✔ MEMO

右側のカラムには画像を追加して「画像の編集」で正方形に切り抜き、配置を「ページに合わせる」とします。

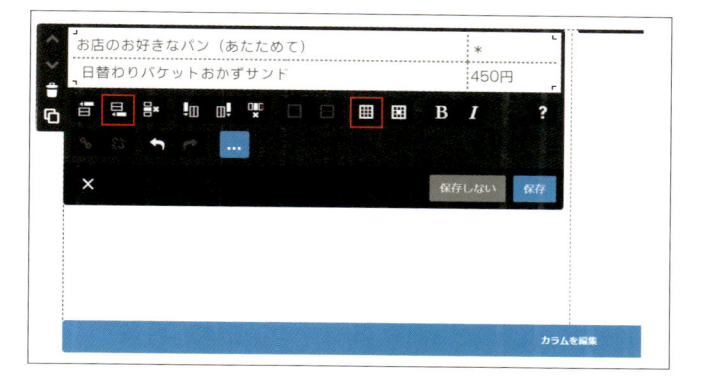

表設定ツールの[行の追加]🔲で行を増やしながらテキストを入力していきます。[表のプロパティ]🔲で「内側の余白」を設定して保存します。

余白の大きさ

罫線を表示しない表の場合、余白が小さいと横方向のつながりが非常に見えづらいので、大きめに設定しておきましょう。

余白が不十分で見づらい

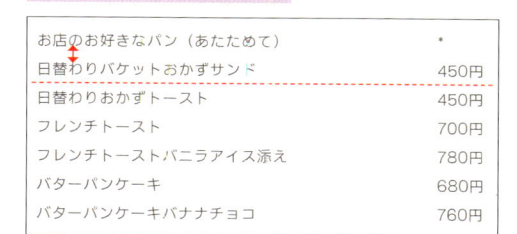

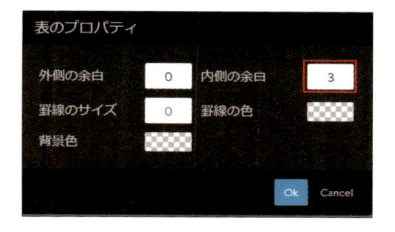

余白が十分あるので見やすい

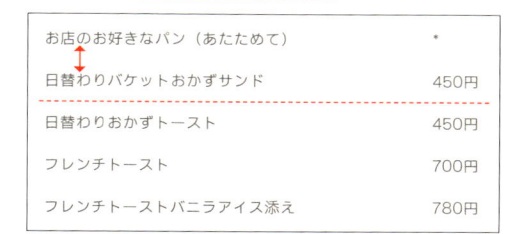

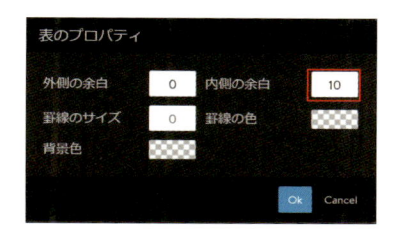

電話をかけるリンクを設定する

電話発信用のリンクを設定しておくと、ユーザーが電話番号をタップするだけで設定した番号に電話をかけることができるので、スマートフォンの場合は便利です。Jimdoでは「HTMLの編集」を利用して設定します。

○ 改善例

Bad

TOCOTTOへのお問い合わせは、こちらのコンタクトフォームよりお送りください。
お急ぎの場合はお電話で00-1234-5678までご連絡ください。

- 電話をかけたい場合、番号を覚えておかなければならない。

Good

TOCOTTOへのお問い合わせは、こちらのコンタクトフォームよりお送りください。
お急ぎの場合はお電話で00-1234-5678までご連絡ください。

0012 345678

キャンセル　　　　発信

- タップするだけで電話をかけられるようになる。

✓ MEMO

電話発信用リンクはパソコンでも機能します。クリックすると、無料通話系のアプリケーションで発信する確認画面が表示されるのが一般的です。設定後は記述ミス防止のため必ず発信テストをしてください。

● 電話発信用リンクの設定

[文章]コンテンツの[HTMLの編集]でコードを記述して、電話発信用リンクを設定します。

編集画面で[文章]コンテンツを編集状態にしたら、[HTMLを編集] </> をクリックします。

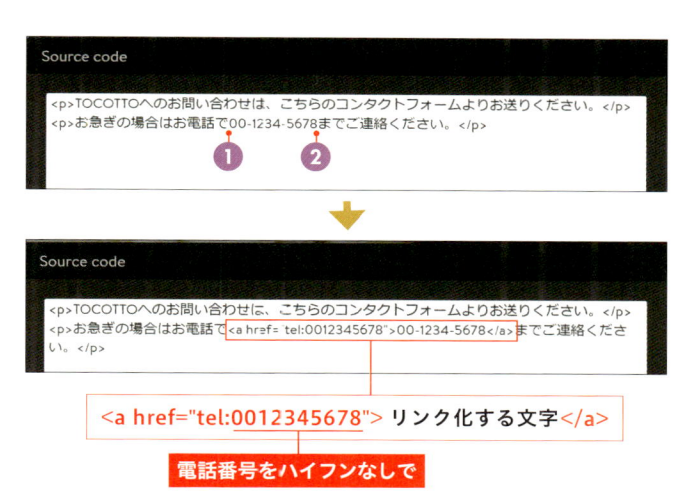

HTMLが表示されるので、リンクを設定したい文字列（例では「00-1234-5678」）を探し、その前と後に以下の通りコードを入力します。

前（図中❶）

```
<a href="tel:XXXXXXXXXX">
```

後（図中❷）

```
</a>
```

「XXXXXXXXXX」には電話番号をハイフンなしで入れます。コードは全て半角で入力し、[OK]でHTMLの編集を閉じ[保存]します。

● 自動リンク化を避ける設定

9

iPhoneのSafariなど、一部のブラウザではこの設定をしなくても自動で電話番号らしき文字列をリンク化して表示する機能があります。自分で設定した箇所だけを機能させたい場合、この自動機能が働かないよう設定できます。

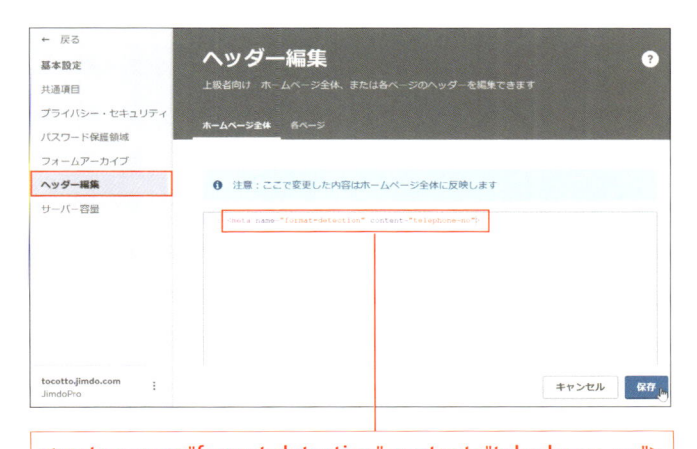

[管理メニュー]から[基本設定]→[ヘッダー編集]に進み、[ホームページ全体]を選択して以下のコードを入力し、[保存]をクリックします。

```
<meta name="format-detection" content="telephone=no">
```

9

section 09

特別なイベントは
専用ページを作る

イベントの詳細情報をトップページで全て説明すると混雑してしまうので、イベント用のページは別に作成し、リンクで移動できるようにしましょう。別のページにしておくとURLも別になるので、SNS等での告知にも便利です。

◯ 改善例

Bad

● テキストでイベントの情報を記載しているが、あまり目に入ってこない。

Good

● バナーを配置することで目に留まり、詳細は別ページに誘導できる。

⚪ イベント用別ページの作り方

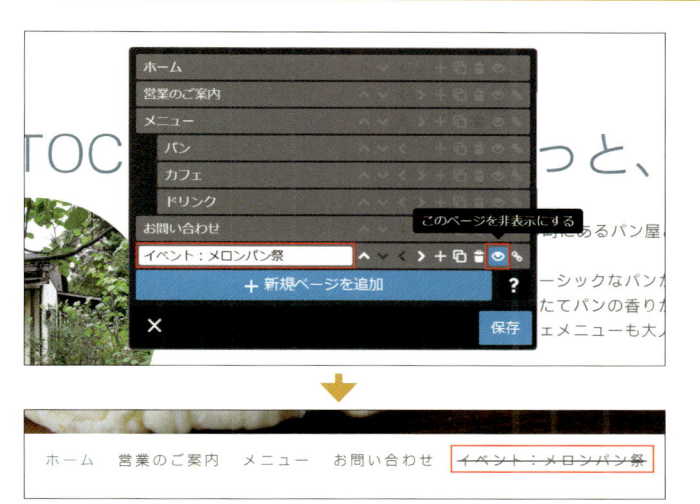

編集画面で［ナビゲーションの編集］を開き、［新規ページを追加］してページのタイトルを入力します。右側のアイコンから［このページを非表示にする］をクリックし、非表示ページに設定します（p.68参照）。

作成したページに移動し、各種コンテンツを追加してイベント告知のページを作ります。シェアボタンはコンテンツエリアに設置して、このページをシェアしてもらえるようにしましょう（p.138参照）。

✓ **MEMO**

非表示ページは、編集画面のナビゲーションに訂正線付きで表示されるので、そこをクリックしてページに移動し編集します。

「ホーム」ページにバナー画像や文章を追加し、作成したページへのリンクを設定します。

✓ **MEMO**

「ホーム」に配置しているバナーの作り方はp.250を参照してください。

9
section 10

写真が多い飲食店・ショップ系の作例

Jimdoの画像編集機能で
バナーを作成する

イベント等の特別ページを作った場合、リンク元にはバナーがあるとユーザーの目に留まりやすくなります。作例に利用したバナーはJimdoの画像編集機能だけで作成することができるので、手順をご紹介します。

○ 改善例

Bad

● 文字情報のリンクだけでは、イベントの興味がわきにくい。

Good

● 画像バナーがあると、期待値が上がり詳細を見てみたくなる。

◯ 画像からバナーを作成する

編集画面でコンテンツを追加し、[画像]からバナーに使用する画像を登録して[画像を編集] 🔧 から「フォトエディター」を表示します。

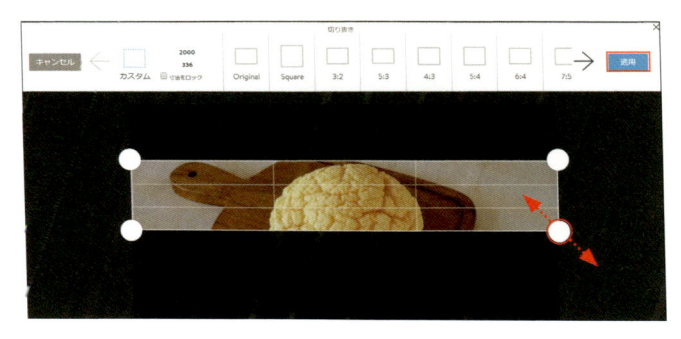

[切り抜き]ツールでバナーにしたいサイズに画像を切り抜き、[適用]をクリックします。

[テキスト]ツールで「Melon Melon Melon! Festival」と入力し、フォント（例では「Lobster Two」）と文字色（例では白）を選び、サイズを調整して[適用]をクリックします。

9

[フレーム]ツールで[Original]→[Lumen] を選択し[適用]をクリックします。フォトエディターのトップに戻ったら[保存]をクリックします。完成したバナー画像には、忘れずにリンクを設定しましょう。

✓ MEMO

作例の「メロンパン祭」ページのメイン画像は、切り抜き方や文字の配置が違いますが、同様の手順で作ることができます。

INDEX

[著者略歴]

狩野さやか（かのうさやか）

デザイナー・ライター

早稲田大学卒。企業勤めの後、アメリカ・サンフランシスコでメディアデザインを学ぶ。帰国後ウェブデザイナーとして制作会社勤務・フリーランスを経て株式会社Studio947を共同設立。ウェブ・アプリのデザインを担当し、ライターとしてはICT教育、子ども向けプログラミングの分野を中心に執筆をしている。

https://studio947.net

■お問い合わせについて

本書に関するご質問については、本書に記載されている内容に関するもののみとさせていただきます。本書の内容と関係のないご質問につきましては、一切お答えできませんので、あらかじめご了承ください。また、電話でのご質問は受け付けておりませんので、FAXか書面にて下記までお送りいただくか、弊社ホームページよりお問い合わせください。

〒162-0846

東京都新宿区市谷左内町21-13

株式会社技術評論社　書籍編集部

「見た目にこだわる　Jimdo入門」質問係

FAX番号　03-3513-6167

URL　http://gihyo.jp/book/

なお、ご質問の際に記載いただいた個人情報は、ご質問の返答以外の目的には使用いたしません。また、ご質問の返答後は速やかに破棄させていただきます。

●カバー・本文デザイン　ライラック
●DTP　　　　　　　　技術評論社制作作業務課
●編集　　　　　　　　落合祥太朗
●制作協力　　　　　　KDDIウェブコミュニケーションズ
●写真提供　　　　　　Kazumi Atsuta（第8章作例写真すべて）
●撮影協力　　　　　　eatos Baked Sweets／旧ホタルカフェ（第9章作例写真のうち店舗外観・内観）

見た目にこだわる　Jimdo入門

2018年8月9日　初版　第1刷発行

著者　　　　狩野さやか

発行者　　　片岡 巌

発行所　　　株式会社技術評論社

　　　　　　東京都新宿区市谷左内町21-13

　　　　　　電話　03-3513-6150　販売促進部

　　　　　　　　　03-3513-6160　書籍編集部

印刷／製本　株式会社加藤文明社

定価はカバーに表示してあります。

ISBN978-4-7741-9844-6　C3055

Printed in Japan